光 明 城

看见我们的未来

“国家自然科学基金”（51778419）资助项目
“国家自然科学基金”（51778421）资助项目

建筑教育前沿丛书

Architecture Pedagogies on the Move

用设计认知城市
小菜场上的家 5

Learning the City Through Design
Home Above Market V

同济大学建筑与城市规划学院
2014 级实验班 2016 年
建筑设计作业集

2016 Fall Project of
2014 CAUP Special Program
Tongji University

庄慎 王方戟 张斌 著

ZHUANG Shen / WANG Fangji / ZHANG Bin

同济大学出版社

Tongji University Press

目录

CONTENTS

序
PREFACE

为什么要把基地选在这里 / 庄慎
Why Choose this Site / ZHUANG Shen

图 1

图 2

图 1 从阿科米星虹口西江湾路工作室向西望
图 2 在工作室可望见轻轨 3 号线从高处穿越而过

为什么要把基地选在这里

Why Choose this Site

庄 慎

ZHUANG Shen

2016 年暑假之前，王方戟老师让我确定新学期“小菜场上的家”的基地以及任务书，我一下子就想到了当时我们办公室附近的中广菜市场（图 1、图 2）。2016 年，阿科米星工作室搬到了虹口区西江湾路 230 号的一个大院里面，因为当时我们看中了这一地区独特的城市形态，希望在此开展为期一年的城市研究。中广菜市场就在我们西江湾路办公室的旁边。

从 2014 年到 2016 年，我带实验班“小菜场上的家”课题已经有 3 年了，对这个课题、对学生怎么做设计也有了一些经验认识。我认为对于三年级上学期的学生来说，“小菜场上的家”是一个很有难度的课题。因为要从二年级做比较单纯的设计，一下子跳到做面积相对较大、功能关系相对复杂的课题，这个变化是很大的。

“小菜场上的家”的功能分两部分，一部分是小菜场，一部分是菜场之上或旁边的城市居住空间。学生既需要考虑这两部分各自的功能，同时也要考虑这两部分之间的关系，以及两者整体和城市的关系，这四种关系放在一起就有了难度。小菜场这样一个日常生活使用的商业服务空间，对大部分学生来说其实是陌生的。现在的学生大多不需要自己去买菜做饭，这些都是他们爸爸妈妈、爷爷奶奶的“职责”。对于在城市中的居住空间，学生们也缺少多样性的直接认知。他们的居住生活经验主要来自对自己的家和学生宿舍的认识。对他们来说，更难处理的是还要同时考虑这两者的组合关系，以及和城市的关系。这当然也是个好玩的设计课题，面对它，很多学生最后的结果是选择有所侧重地开展设计。事实上在教学里我也发现，能够全面处理上述提到的四个方面问题的同学并不多。一般来说，同学们大多能够建立起菜场与居住空间大体上的一个关系认知，之后以此为基础深化，有的同学可能把菜场设计得深入一点，有的同学则可能对于公寓或者住宅投入得多一些。

之所以选择中广菜市场这块基地，一方面是因为我很熟悉这里，每天都会由此经过，工作日还会经常和同事去那里找地方吃午饭；另一方面更是因为这地方正好是一个“小菜场上的家”，要找天然的样本，没有比这个地方更好的例子了。选择这一基地可以让学生对这个课题有更直观的认识。

中广菜市场原本是一个消防水带厂，经过改造后，原来的厂房建筑，一部分成了中广室内菜场，一部分改造成了城市的白领公寓，剩下一部分原来的通道与旁边的建筑则成为临街道的两条小吃街，因此成为一个货真价实的“小菜场上的家”。“小菜场上的家”在城市里面不是一种现成的类型，我们的设计课题实际上有某种类型学的意味，处在真实和假想之间，所以如果要找一个特别典型的“小菜场上的家”，有时候还真难找。现在有一个现成的就摆在面前，当时我觉得：嗯，就是这个了！把这个地方用作我们的设计基地，它本身就可以作为一个参考的实例。如果能够留心的话，你就会发现真实城市中的小菜场上的家是由怎样的建筑组成的，是什么人在使用，用得怎样，用它们的人在意什么，这是一连串非常现实的问题。比如这里面所谓的“白领公寓”，原有的建筑进深很大，改造之后，周边的房间情况稍好，而位于建筑当中的则全是无法直接采光通风的暗房间。这些房间都非常小，基本上摆一张床、一张桌子就塞满了。但是这里却是满租的，而且租金也不算便宜，使用的人并不挑剔这里相对恶劣的条件。究其原因是因为这里是市中心，离很多人工作的地方近，减少了通勤的成本，而且在这里居住生活很方便，下面有小菜场，有吃饭的地方，那些平时对于普通的居住家庭来说不舒适的喧闹和菜场气味，对于这些在城市当中工作的人来说，就可能是一种方便了。

这里的租户大部分是外来打工者，或者是一些普通的、单身、年轻城市工作者。而一个像这样仅仅满足基本居住条件的城市出租公寓，作为每天工作结束回来睡觉的地方，正是他们需要的。我希望学生能够看到这些真实的情况，在做设计的时候，会代入自己对于城市使用者的理解。同时，希望当他做出一个相对理想化设计的时候，也能跟现实当中的情况做比较，并看到这其中的差异性。当然，不能期望所有人会从这个思路去理解。事实上从最后的教学成果看，这个小基地上的“小菜场上的家”的原本真实模样，大家没有真的留意。但是我总是希望学生中有那么一两个人，能够去关注这个要被他们在想象里、在思想上拆除重来的地方，在那些不起眼的、乱糟糟混在一起的城市空间里，那种在生活中奔忙的人们，被城市的经济发展所选择和使用出来的空间所迸发的力量，那么，这个基地的选择就有了一些意义。

另外，选择这块基地，还因为我觉得这里也是虹口区最有趣的区域。基地周围有鲁迅公园、虹口龙之梦、虹口体育场等大型城市公园和城市建筑；有 3 号线那样的高架轻轨线越空穿过；有很多 1950 年代以前就形成的花园里弄、花园洋房和小尺度的街道；也有 1980 年代建造的多层住宅和 2000 年以后开发的高层住宅。这里的路网很复杂，街坊地块总体比较小，但类型丰富多样，和现在城市当中动辄大地块、大尺度的新建区的情形不同，呈现出一种非常具有城市历史发展感的混杂状态，有时甚至很魔幻。这是一个充满活力的、特别适合观察城市建筑的区域，离学生们就读的同济大学也很近。阿科米星建筑设计事务所 2016 年到 2017 年在这里做了观察城市当中建筑的改变的调研，着重记录城市建筑随着使用产生的局部变化，形成名为“逆向还原”[1]的城市研究成果。选择中广菜市场作为课题基地，就是希望学生们通过基地调研，对于周边建筑环境、城市环境、城市的历史沿革产生较为深入的认识，能够感知到城市当中的建筑空间、物质空间的一种变化的力量，因为他们的新的设计对于这里也正是一种改变。

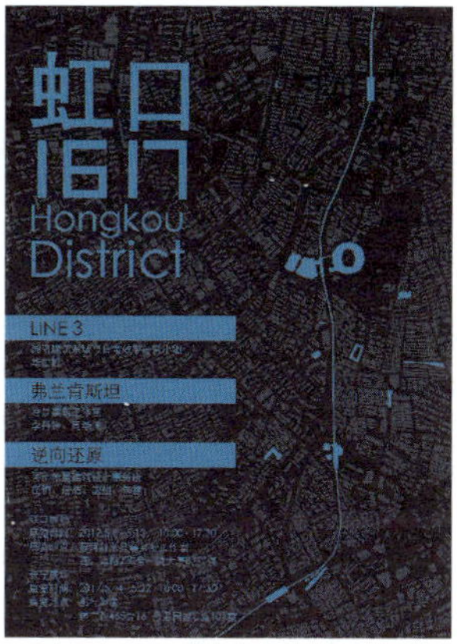

“虹口 1617”展览海报
西江湾展场

[1] “逆向还原”是阿科米星、冶是、同济 CEED 三个团队联展“虹口 1617”中阿科米星的城市研究成果。展览研讨会文章参见华霞虹：《走向城市建筑学的可能——“虹口 1617 展览暨城市研究”研讨会评述》，《建筑学报》2017 年 9 月。

课程介绍
CURRICULUM & INTRODUCTION

从 2011 年实验班开设至 2019 年，“小菜场上的家”已经完成了八次教学，课程基地均设置在城市中居住建筑稠密的地区。本书介绍的 2016 年的课题是此系列课题的第五个，由庄慎老师出题。

本书主体内容分为两部分。其一是介绍同济大学建筑与城市规划学院 2014 级“复合型创新人才实验班”在 2016 年秋季，即三年级第一学期由庄慎、王方戟和张斌三位教师指导的建筑设计课程，其内容包括任务介绍、成果展示和教学讨论。参加课程的 21 位学生为白一江、陈琨、邓希帆、樊婕、房玥、顾金怡、华心宁、黄于青、李墨君、李云宏、林敏、刘斯腾、罗西若、邱雁冰、汪滢、王宣儒、王子宜、杨天周、叶子桐、张浩瑞、张雯珺。其二是庄慎老师及其阿科米星建筑设计事务所于 2016 年至 2017 年在虹口区对城市中一些建筑物的改变所作的调研成果“逆向还原”，部分成果以插画的形式呈现。调研所列案例有普通的商业裙房、里弄公寓、普通住宅、历史建筑、违章建筑、建筑局部等不同类型。研究主要针对普通建筑物外在局部的变化，对变化的描述不加修饰，保持简单冷静的物质视角（图 1~ 图 3）。基于对虹口区的了解，庄慎老师负责了此次课程的基地选址并确定了任务书。

在此次课程中，学生总共完成三项作业。

作业一“中国居住发展进程及菜场状况调研”为暑期作业，于 2016 年 7 月布置。学生利用暑假进行相关调研，在开学后进行汇报。希望学生通过亲身体验以及专业图纸的描绘，对住宅和菜场产生感性认识。通过开学后的汇报，学生们也能分享彼此的调研成果，了解中国不同地区居住及菜场的状况，辨识建筑与社会之间的关联。

作业二“基地调研与局部微更新设计”要求学生结合自己的兴趣，以观察研究的方式对课程基地及周边地区进行调研，然后结合调研提出一些可以提升城市环境品质的设计策略。调研阶段按照研究领域的划分进行分组工作、深入调研。局部微更新为个人工作模式。作业希望引导学生以一种包含物理环境及社会条件的全面眼光来看待建筑，并用综合的手段、以建筑为媒介来解决现实的问题。

作业三“社区菜场及住宅综合体设计”是课程的骨干内容，在这个阶段学生需要完

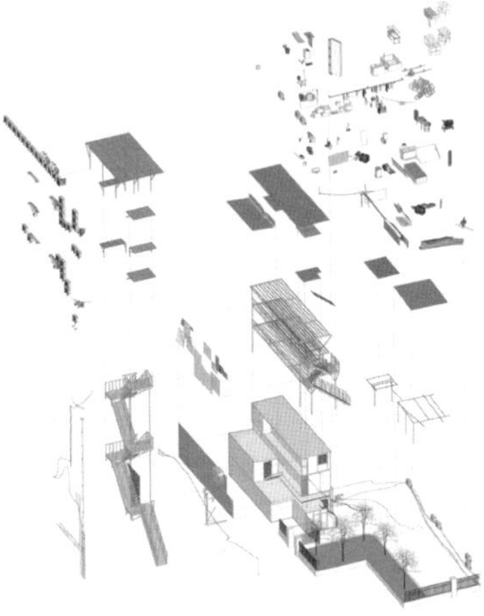

图 1 “逆向还原”：同心路皇玛会所建筑夹缝加建，分解轴测图

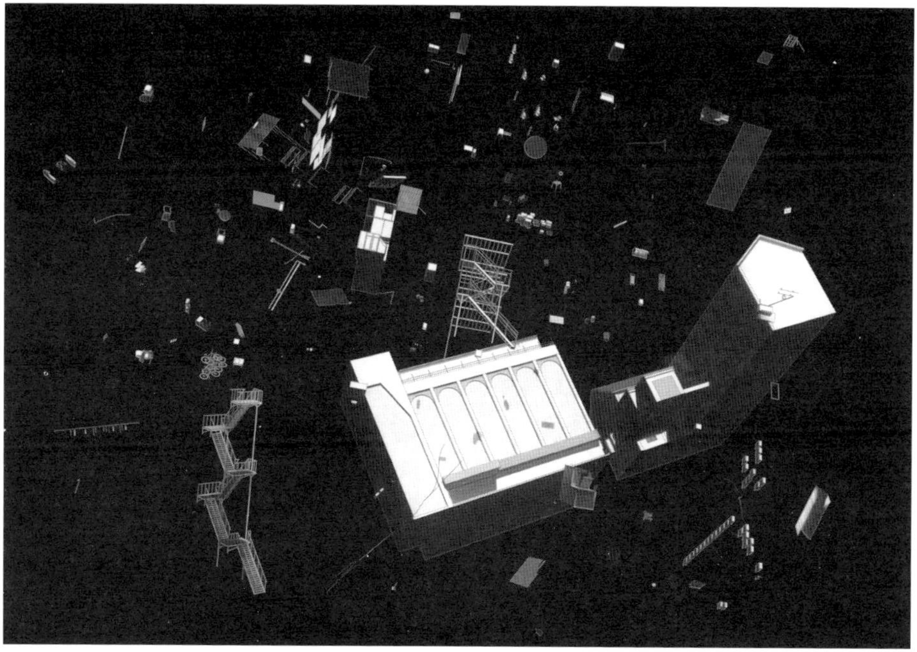

图 2 “逆向还原”，同心路皇玛会所建筑夹缝加建，爆炸图

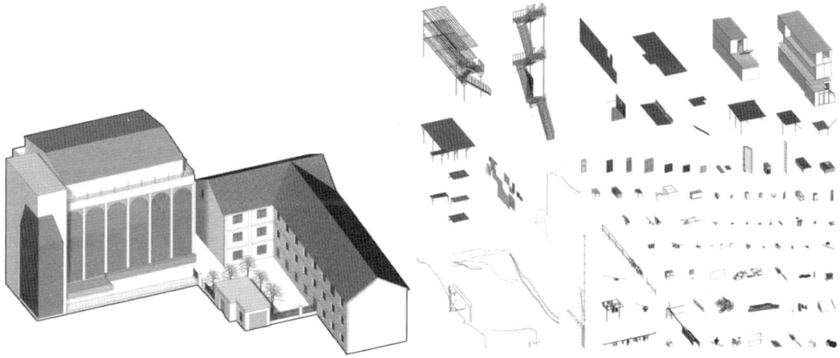

图 3 “逆向还原”，同心路皇玛会所建筑夹缝加建，加建清单图

成一个完整的设计作业，该设计作业常常被称为“小菜场上的家”。这个作业建立在前面两个调研作业的基础上，学生在此阶段基本能够对现场的物理环境和社会条件有较为全面的认识。这个阶段的难点是如何处理菜场和居住的关系、两者组合的关系，以及整体和城市的关系，这对三年级的同学来说是一个不小的挑战。

本课程共十五周，前两周半为“基地调研与局部微更新设计”训练，后十二周半为“社区菜场及住宅综合体设计”（课程的时间安排见表1）。课程采用大组评图与小组讨论相结合的方式进行。大组评图由三位任课教师共同负责，阶段性的大组评图邀请了其他老师参加，包括：亘建筑事务所的范蓓蕾和孔锐、上海旭可建筑设计有限公司的刘可南（中期评图）；南京大学教授王骏阳，以及范蓓蕾、刘可南（终期评图）。大组课程帮助学生在方向性、策略性方面进行思考，而课程中每位学生设计作业的深度及综合度则依靠小组课程的讨论得到。三位任课教师每人负责一个小组，最终作业成果在2016年12月25日至次年1月1日在同济大学建筑与城市规划学院C楼展厅进行了公开展览（图4、图5）。

图4 最终课程成果的展览

图5 终期评图全体师生合影

表 1 课程时间安排

周次	时间	课题	课程内容	形式
0	20160715	1	布置作业一“中国居住发展进程及菜场状况调研”	个人作业
1	20160912	2	作业一汇报，布置作业二“基地调研与局部微更新设计”	大组评图
	20160915		分组调研，收集资料（中秋放假）	大组讨论
2	20160919		分组模型，分析	大组讨论
	20160922		分组模型，分析，完成 1/500 场地模型，汇总调研成果	大组讨论
3	20160926		局部更新设计	大组讨论
	20160929		作业二汇报，布置作业三“社区菜场及住宅综合体设计”	大组评图
4	20161003	3	国庆假期	-
	20161006		国庆假期	-
5	20161010		汇报宣言书，配合宣言书的概念图，概念性的说明模型 *	大组评图
	20161013		概念 + 体量，说明概念的模型	小组
6	20161017		体量 + 功能	小组
	20161020		体量 + 功能 ，说明体量与功能的模型 *	小组
7	20161024		中期汇报 - 1，任课老师组评图，确认概念 + 体量 + 功能	大组评图
	20161027		空间 + 功能	小组
8	20161031		空间 + 功能，说明空间与功能的模型	小组
	20161103		结构 + 功能	小组
9	20161107		结构 + 功能，说明结构与功能的模型	小组
	20161110		中期汇报 - 2，评图嘉宾：范蓓蕾、孔锐、刘可南	大组评图
10	20161114		概念、功能、城市关系、空间、结构磨合	小组
	20161117		磨合	小组
11	20161121		磨合	小组
	20161124		磨合	小组
12	20161128		中期汇报 - 3，任课老师组评图	大组评图
	20161201		立面 + 体量	小组
13	20161205		立面 + 体量	小组
	20161208		材料 + 构造	小组
14	20161212		制图，模型制作及讨论，完成 1/200 集体场地模型	小组
	20161215		制图，模型制作及讨论	小组
15	20161219		模型拍照	个人
	20161224		开始布置展览（周六）	小组
15	20161225		C 楼展厅，最终评图 8:00~15:00（周日） 评图嘉宾：王骏阳、范蓓蕾、刘可南	大组评图

注：标注“*”的项目根据实际表达需要自我决定是否需要。

1

作业一　中国居住发展进程及菜场状况调研

Assignment One
Research on the Development of Chinese Residences and Markets

课程目标

建筑与社会之间的关联、空间与使用之间的关系，是建筑设计区别于其他艺术形式创作的两个主要因素。建筑师在设计建筑的同时必须对建筑与社会的关联进行辨识，对使用之于空间的意义充分理解，并具备以这样的意识去处理建筑问题的能力。作为三年级“小菜场上的家——居住与菜场综合体”课程设计的一个组成部分，本作业希望以观察、纪录的方法使学生获得以上认知，通过专业图纸的描绘来呈现体验成果。

课程内容

作业 1：对你熟悉的城市中的住宅进行调研。

调研者在以下两项中任选一项，注意不要在调研中混淆研究对象。

a. 关注时代变迁与住宅的关联。

b. 关注不同家庭结构、使用习惯与空间的关系。

如果选择 a，调研者需要对三套或以上不同年代的住宅进行入户调查。这些住宅建成时间应相差 5 年以上。

如果选择 b，调研者最好选择标准相同或相似的户型，调研三户或更多人口结构或者生活使用习惯有明显差异的家庭。其中必须有一个案例反映外来务工者在本地租房居住的情况。

调研者需要完成：

1. 这些住宅的户型平面图。比例 1/50，标注尺寸、指北针，现状家具、洁具等需要如实绘制，手绘。

2. 这些住宅的户型三维轴测图（揭开屋顶后的户型）。必须表达现状家具、洁具等细节，手绘。此练习可以加深对住宅空间及家具关系等的比例及尺度的体会。

3. 对这些住宅户型所处环境的有效描述。可用图纸（如住宅楼的带周围环境的底层平面、标准层平面、建筑的总平面图）、照片（有效说明住宅情况的住宅内外部照片）及其他恰当的形式表达。

4. 挑一户住宅完成一个 1/20 的模型。模型与平面及轴测图内容相一致。

5. 500 字以内的调研报告。内容建议以从被调研住宅中看到的情况，该地区住宅变化状况，以及建筑在这种变化中所起的作用为主要线索。调研中注意记录住宅的产权所属情况。

作业 2：对你喜欢的一家菜场进行描述，并完成：

1. 该菜场的平面格局、功能分配平面图。描绘出不同功能摊位（如蔬菜、肉禽、水产、副食品等）的空间轴测示意图，建议比例 1/200。

2. 其他自定对该菜场的描述。除了菜场建筑之外，尤其需要注意描述菜场的使用情况，对菜场中不同人群进行观察，并进行描述。若进行文字描述，文字量不要超过 500 字。

作业 1 与作业 2 均需完成，但是可按个人兴趣有所偏重。

作业介绍

住宅具有时代、地区及社会背景的特征，与建造时的具体条件有关，还面临住户对其进行的各种调整和改造。环境的积淀、周边状况的变迁会使住宅的状态受到影响，且随着社会经济、技术的发展，人们自身对居住的要求及功能也有较大的改变。因此用纯建筑视野对其进行考察是很难看清楚住宅的。

菜场具有地域性，不同地区的菜场有不同的经营模式。由于占地范围较大、公共活动频繁，菜场对城市公共空间的感知有很大影响。有的菜场被化整为零，融合进社区之中；有的与大规模居住开发结合，形成大尺度的层叠关系；有的以非正规的形式临时性地占据城市中的场地；有的见缝插针充塞在拥挤的城市空隙中；有的利用不同类型的老建筑改造而成，各种不同形态的菜场塑造出性格各异的城市公共空间。对于建筑师来说，菜场的设计不应满足于纯建筑范畴的功能布局合理及空间表现力，除了这些内容还有很多可以思考的因素，现实生活中有丰富的参考。

这个作业希望学生通过对具体且熟悉的住宅及菜场的调研，利用图纸记录及文字分析，对住宅及菜场中那些非专业信息有所了解，进而通过后续课程逐渐理解建筑设计与这些信息之间的关系。

建筑设计的课题如果一上来就浸泡在纯专业语汇之中，学生可能会无法将视野放开，并将其他相关因素吸收进建筑设计。但一个课题在社会调研方面花费时间太长，又会挫败学生对专业设计学习的积极性，并导致课程重心向非建筑学的领域倾斜。为此我们结合教学计划中规定的暑期实践科目，将这部分调研安排在暑期，由学生结合各自具体情况独立完成。这样将学期内的课程时间节省下来，让设计课程的时间更加紧凑，也可以让来自各地的学生带回更多不同地区的样本。通过评图时相互的比较，不同地区实例之间的差异能引起大家更多的思考。

这个作业包括住宅调研及菜场调研两个部分。本书展示的是住宅调研中住宅平面图及轴测图部分，住宅及菜场的其他调研成果仅选择少量展示（图 1~ 图 9）。

图 1 顾金怡户型调研模型

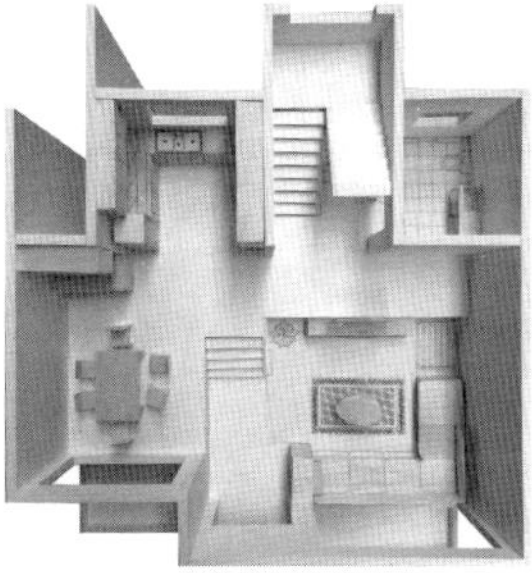

图 2 华心宁户型调研模型

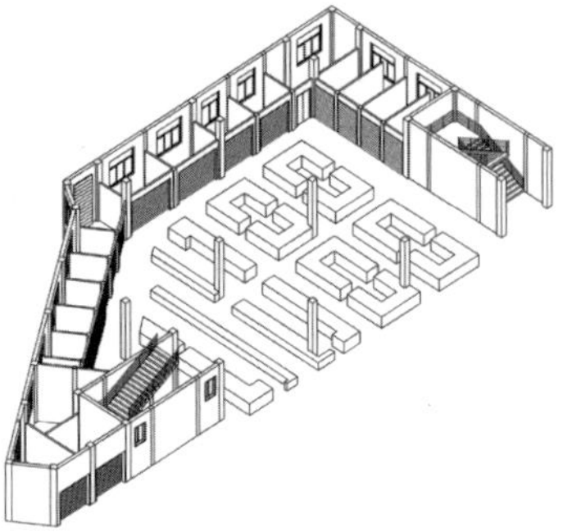

图 3

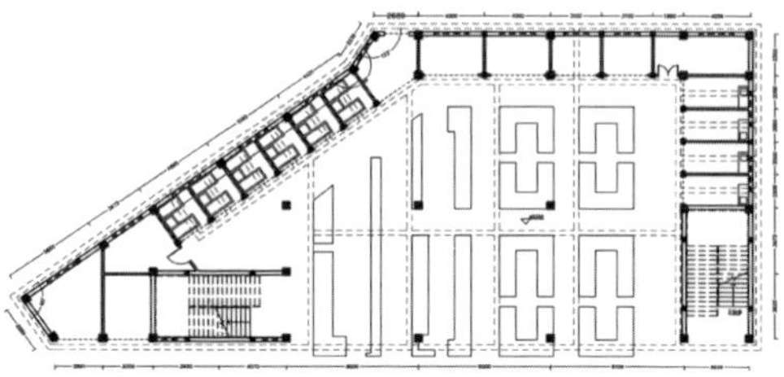

图 4

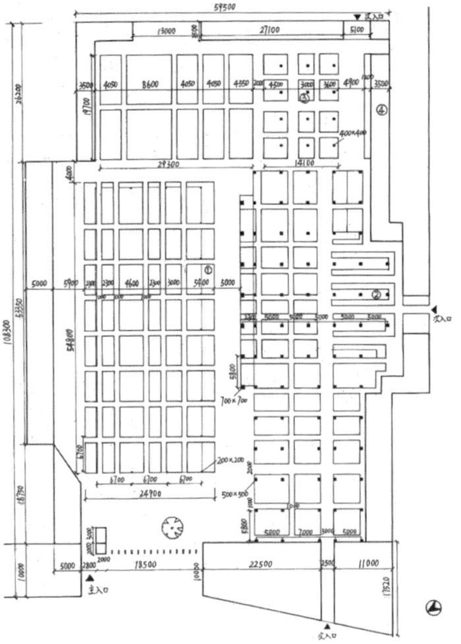

图 5

图 3 长沙某地菜市场轴测 / 樊婕 绘
图 4 长沙某地菜市场平面 / 樊婕 绘
图 5 调研菜场里的尺度关系 / 叶子桐 绘

图 6 广州某菜场紧邻的公共空间 / 邓希帆 摄
图 7 福州某菜场与城市住宅的边界 / 陈琨 摄
图 8 哈尔滨某菜场摊位分布 / 李墨君 摄
图 9 上海某菜场海鲜摊位空间布局 / 黄于青 摄

图 6

图 7

图 8

图 9

调研 / 白一江

地点 / 山西阳城

1960 年
建筑面积：25 ㎡
房间布局：两室一厅
性质：单位宿舍
描述：单位出租给员工使用，处于一种狭小空间中的极限使用状态。住户是单亲母亲和儿子，两间卧室的布置具有均质性，客厅同时当作餐厅使用。

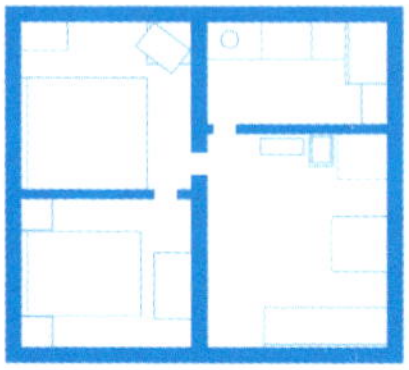

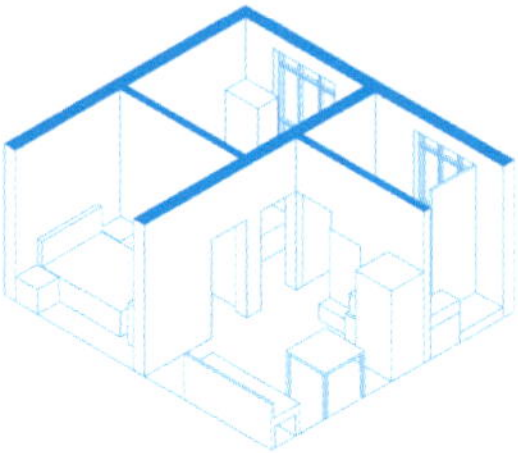

1960 年
建筑面积：25 ㎡
房间布局：两室一厅
性质：单位宿舍
描述：居住人为一对夫妇与一个孩子，客厅布置更加简单实用，兼顾部分厨房功能。

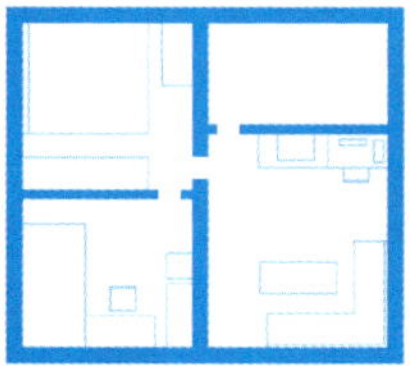

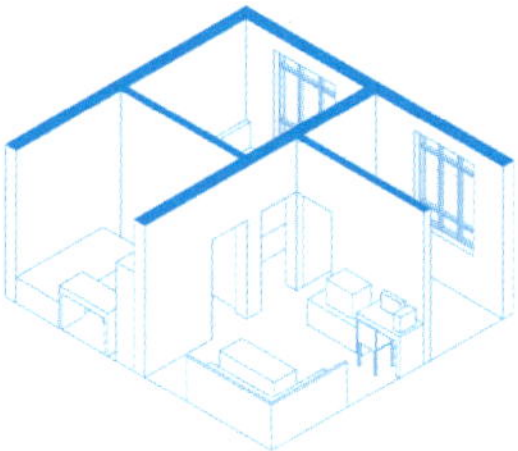

1960 年
建筑面积：25 ㎡
房间布局：两室一厅
性质：单位宿舍
描述：居住人为一对夫妇、两个孩子，孩子卧室使用上下铺来满足需求。在狭小的厨房空间分割出了独立卫生间以满足需求。

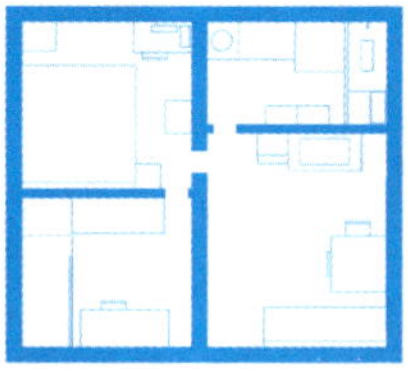

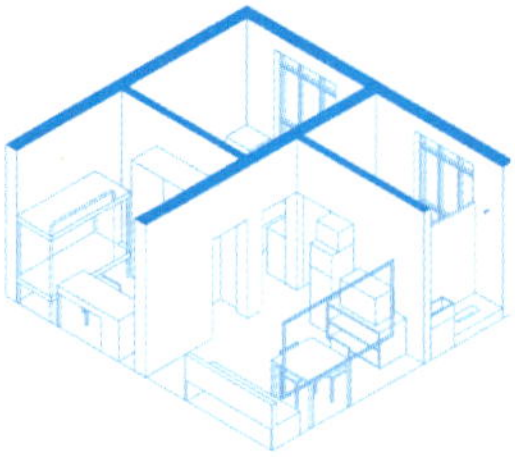

调研 / 陈锟

地点 / 福建福州

1970 年
建筑面积：67 m^2
房间布局：三室一厅
性质：单位宿舍
描述：外国人聚居地带，原住户是教师，目前房子租给附近的在校生，属于分租和合租状态。

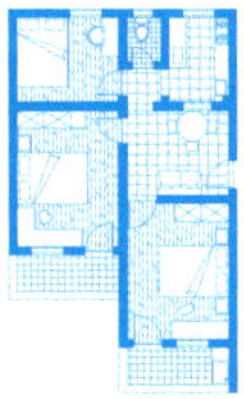

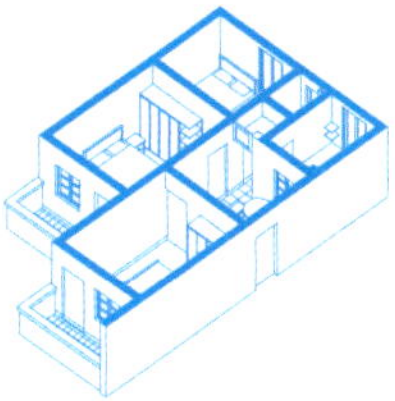

1997 年
建筑面积：109 m^2
房间布局：三室两厅
性质：商品房
居住人口：5 人
描述：基地为山地，板式楼，南北布置。典型的中国式三代同堂家庭。夏季炎热，长进深的户型较为凉快。

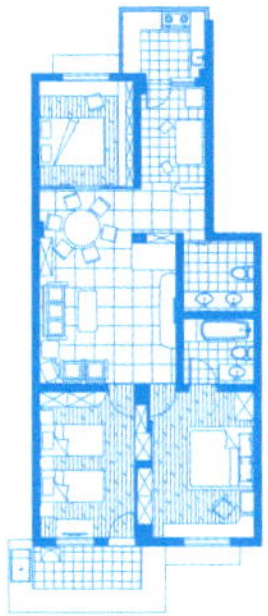

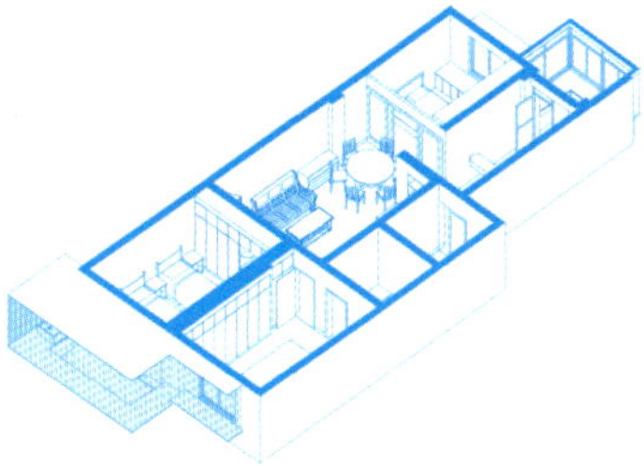

2014 年
建筑面积：145 m^2
房间布局：三室两厅
性质：商品房
居住人口：3 人
描述：一梯两户，南向阳光充足，重视关注储物空间。

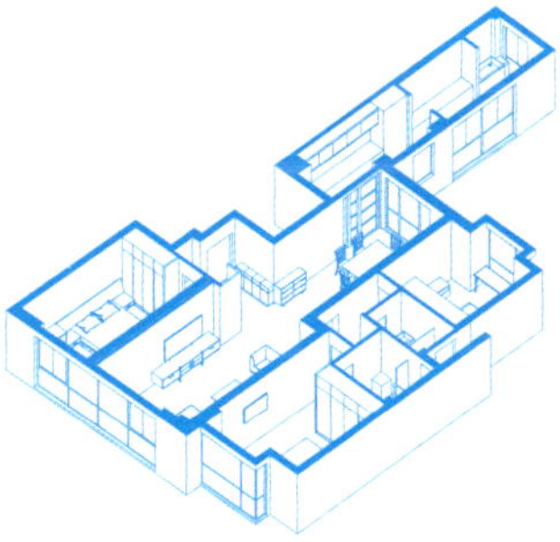

调研 / 邓希帆

地点 / 广东广州

2000 年

建筑面积：74 m^2

房间布局：两室两厅

性质：职工宿舍

居住人口：3 人

描述：一梯七户，三面开窗受限。书房和客厅互相干扰。

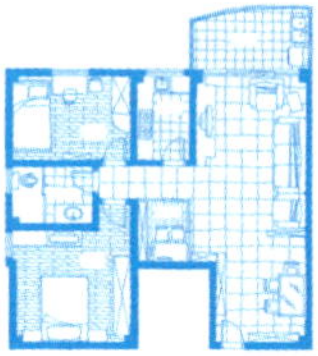

2006 年

建筑面积：125 m^2

房间布局：三室两厅

性质：商品房

居住人口：4 人

描述：一梯四户，非常宽敞，通风良好，小区绿化较好。动静分区和干湿分区有了很大改善。

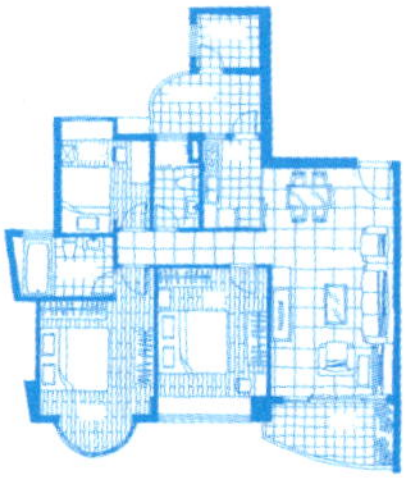

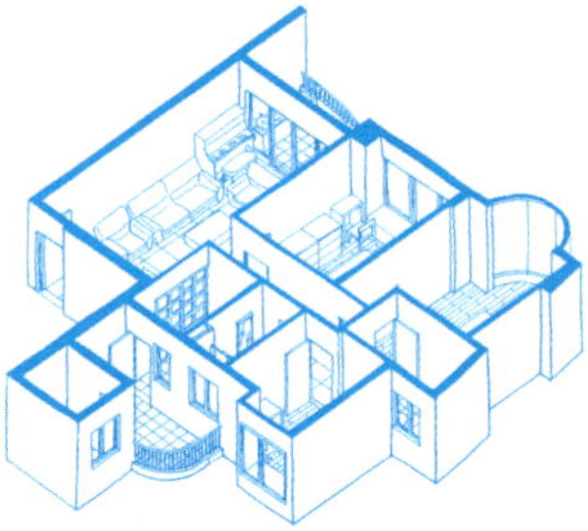

2014 年

建筑面积：138 m^2

房间布局：三室两厅

性质：商品房

居住人口：3 人

描述：公共走廊考虑了视线私密性。户型南北向，通风采光较好。

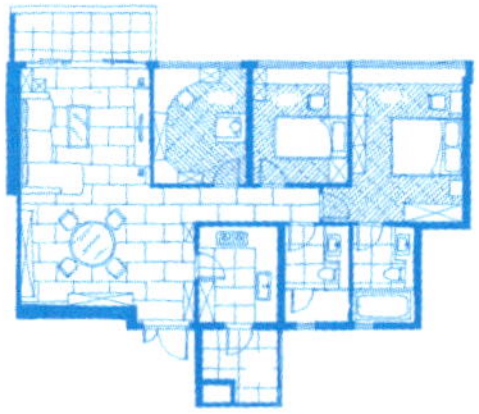

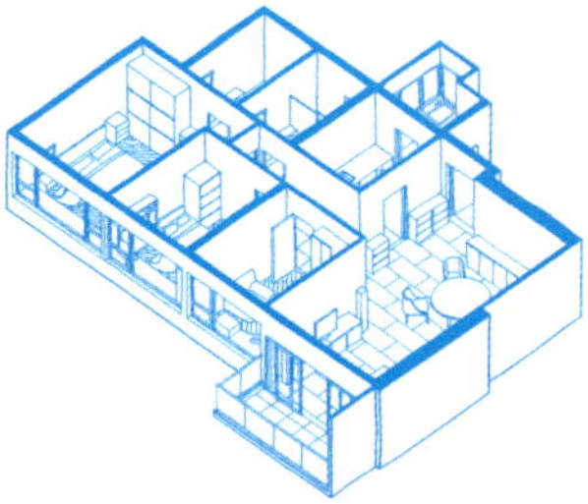

调研 / 樊婕

地点 / 湖南长沙

1990 年

建筑面积：63 m^2

房间布局：两室一厅

居住人口：3 人

描述：围合式院落住宅。卧室北向，采光不理想。

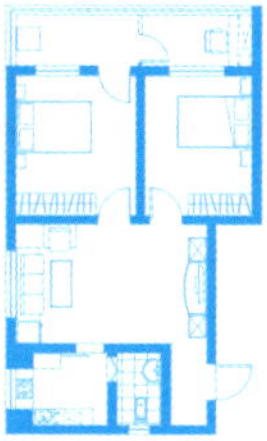

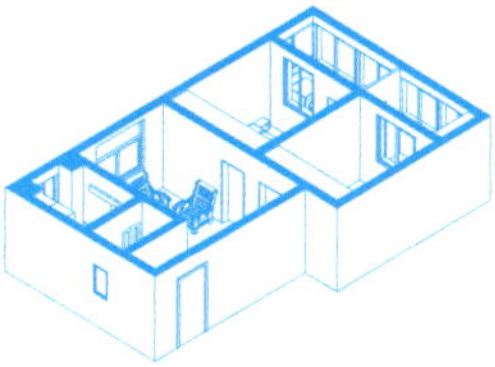

2003 年

建筑面积：122 m^2

房间布局：三室两厅

居住人口：3 人

描述：交通面积较大，公私分区较清晰。卫生间没有干湿分区，次卧采光相对较差。

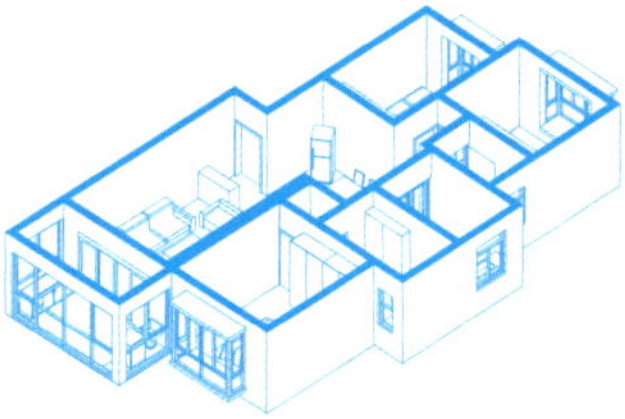

2014 年

建筑面积：138 m^2

房间布局：三室两厅

居住人口：3 人

描述：公私分区清晰，有保姆房。餐厅与入口的关系不够合理。

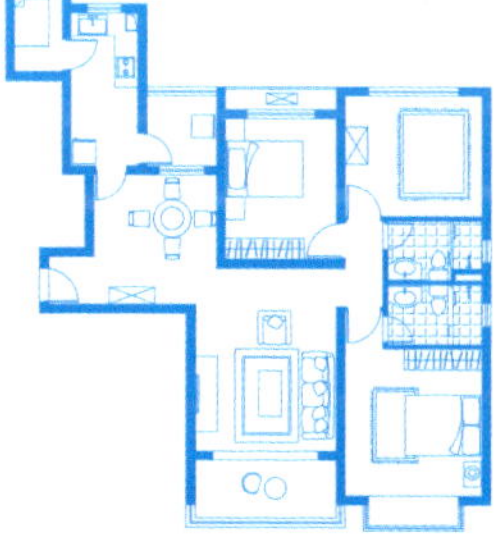

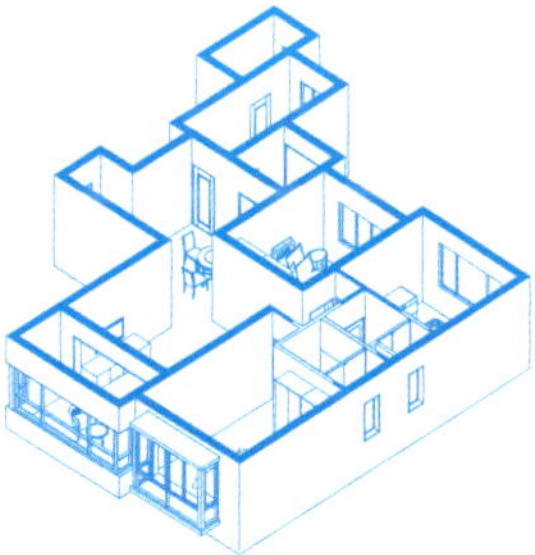

调研 / 房玥

地点 / 上海

1987 年
建筑面积：40 m²
房间布局：一室一厅
性质：单位分配房
居住人数：3 人
描述：每层由六个长方体毗邻而成，并由北侧的公共交通联通。户型方形规整，面宽小，进深大，每户都有室外出挑晾衣空间，底层有院子。

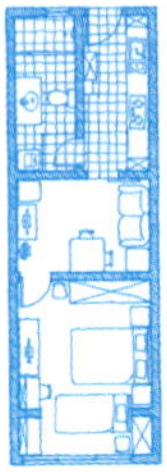

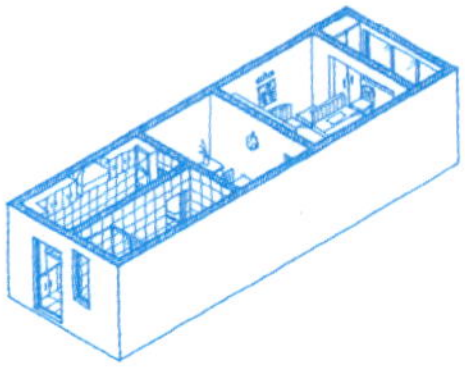

2000 年
建筑面积：100 m²
房间布局：三室一厅
性质：商品房
居住人数：3 人
描述：一梯两户，采光和通风问题基本解决。小卧室与书房之间原有过渡空间，现为套间。

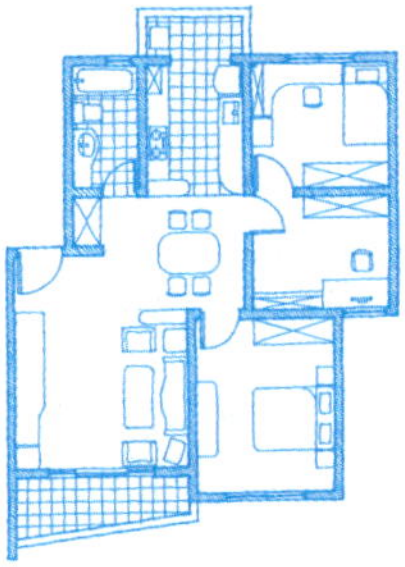

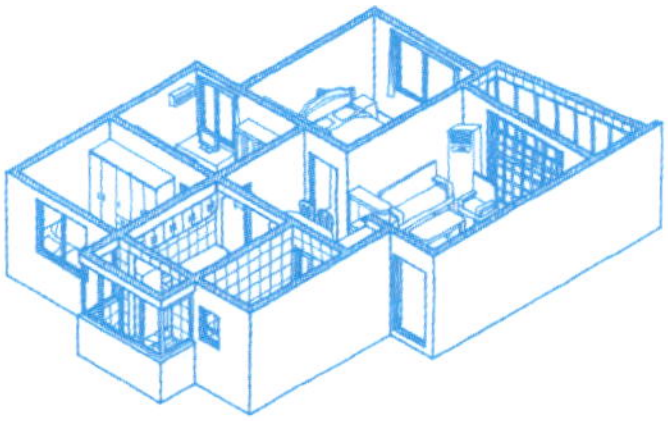

2007 年
建筑面积：130 m²
房间布局：三室两厅
性质：商品房
居住人数：3 人
描述：两梯四户。餐厅和客厅处于户型的中央位置，连接北面书房和南面卧室，从次卧到卫生间流线过长。

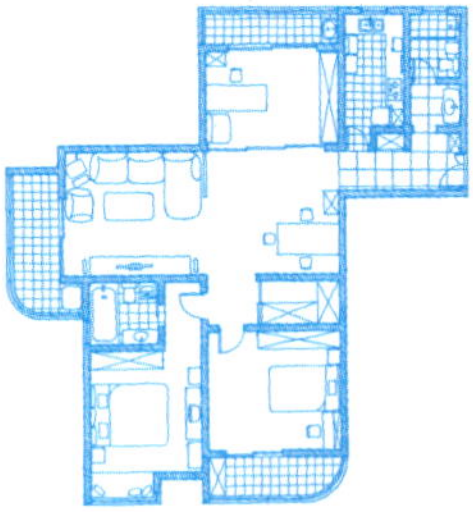

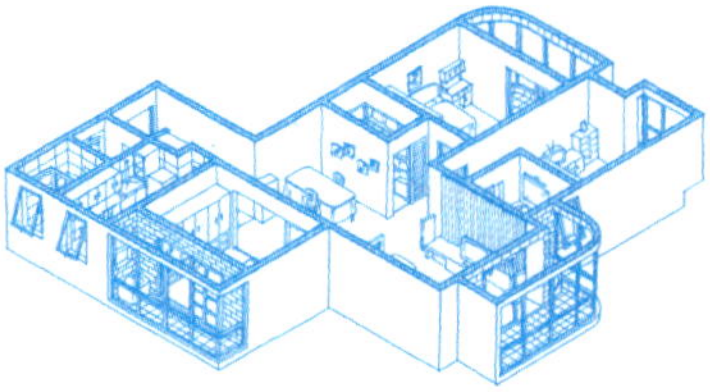

调研 / 顾金怡

地点 / 上海

1991 年

建筑面积：62 m^2

房间布局：两室一厅

描述：为公司自建分配房。楼房中间为采光井和交通核，公共走廊临近房间，私密性较差。

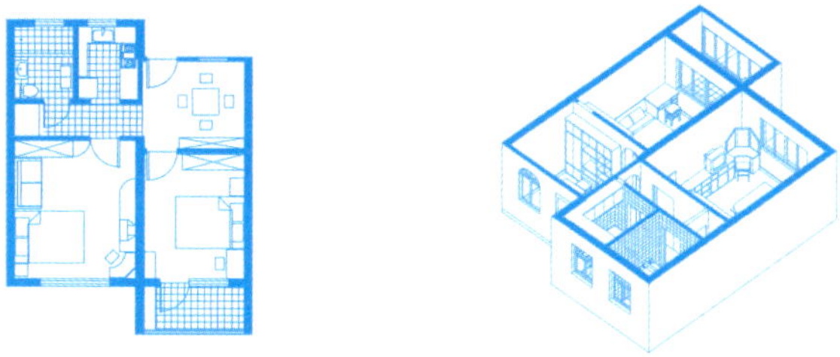

1999 年

建筑面积：63 m^2

房间布局：两室一厅

性质：单位分配房

描述：每户人家都拥有南向阳台，且不必向内部走廊开窗，保证了私密性。

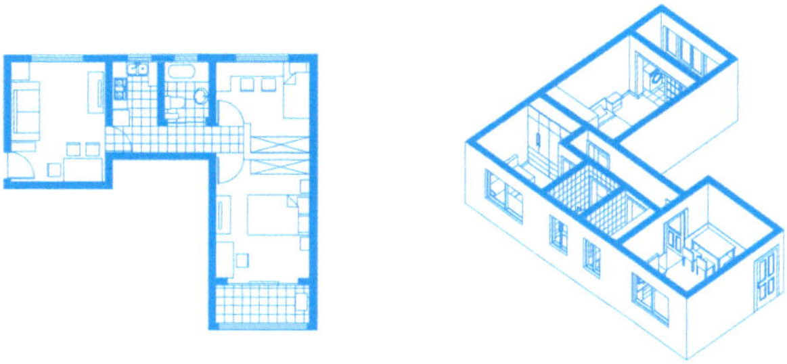

2010 年

建筑面积：83 m^2

房间布局：三室一厅

描述：板式住宅，通风采光条件比较好。客厅面积增大，卧室面积减小，还出现了书房等功能用房。

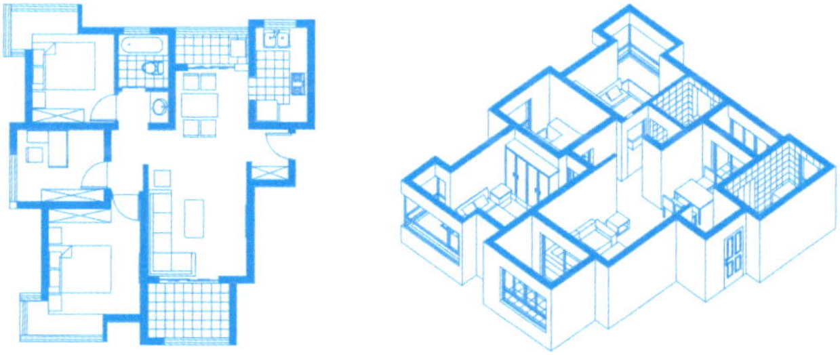

调研 / 华心宁

地点 / 浙江杭州

1984 年

建筑面积：201 m^2

楼层：2 层 +1 层加建

性质：联排别墅

居住人数：11 人

描述：位于城中村，一层老人夫妻自住，楼上出租。

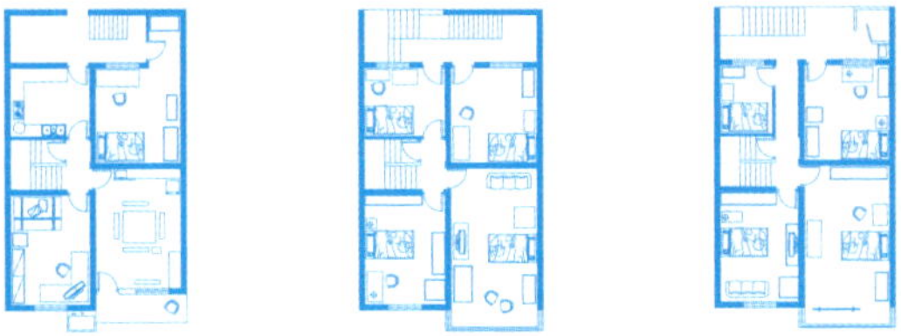

1988 年

建筑面积：256 m^2

楼层：4 层

性质：联排别墅

居住人数：5 人

描述：位于城内住宅区，车库经户主改造为客厅，卧室非常多。

2010 年

建筑面积：256 m^2

楼层：3 层 + 地下一层

性质：联排别墅

居住人数：3 人

描述：位于城郊别墅区，楼梯及卫生间处于一边，保证了空间的整体性，平面布置更为灵活。

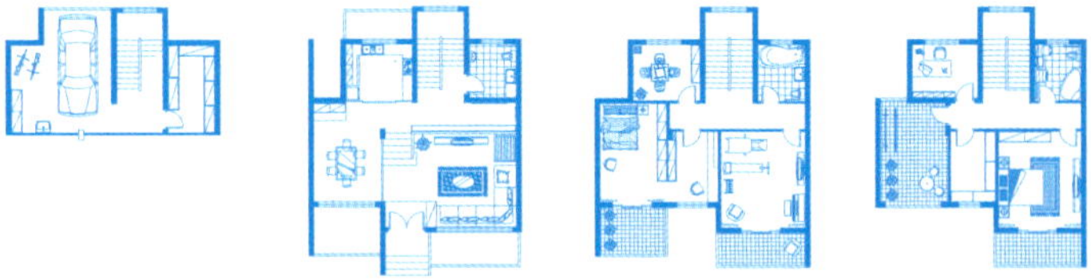

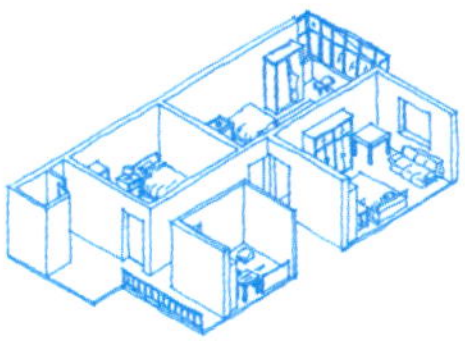
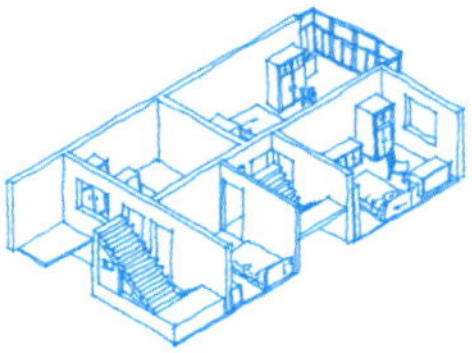
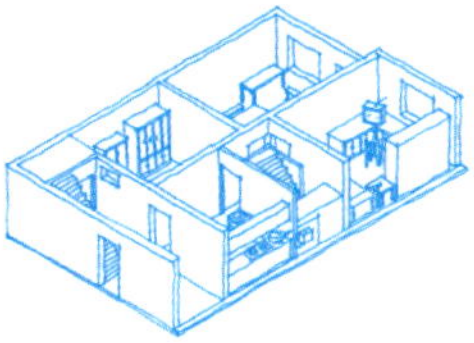
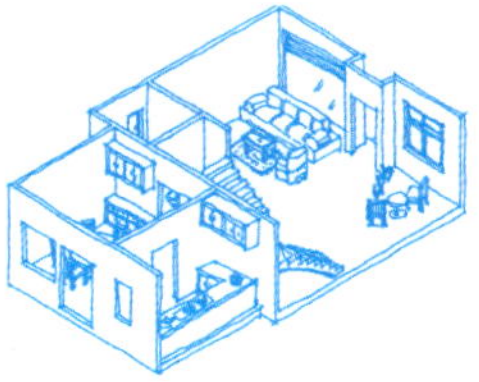
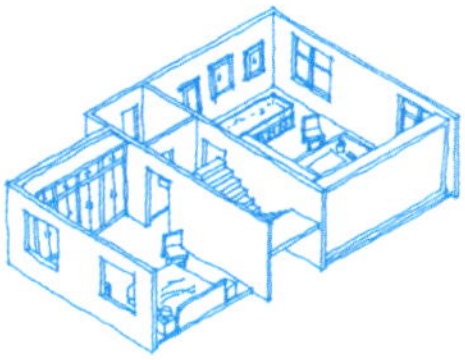
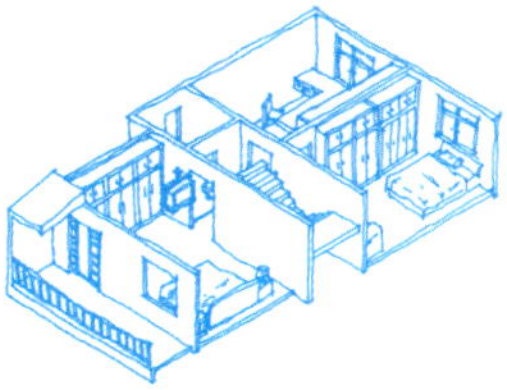
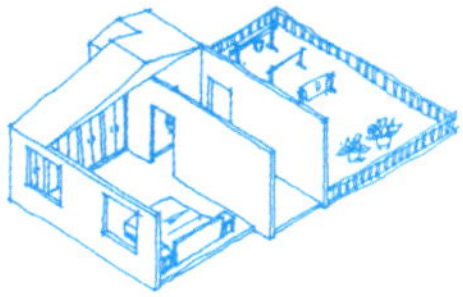
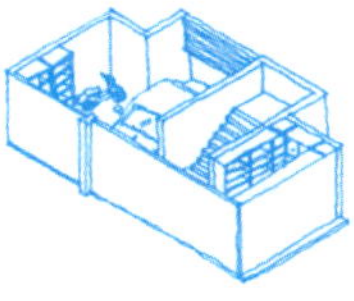
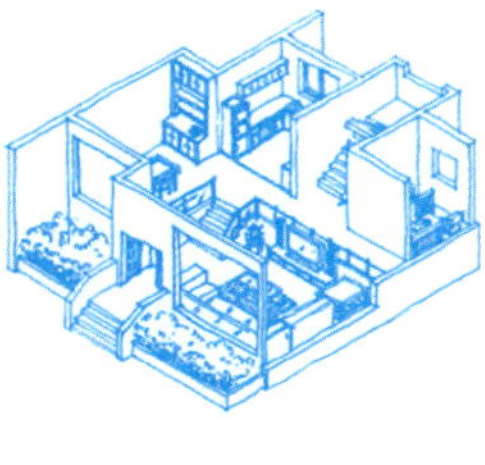
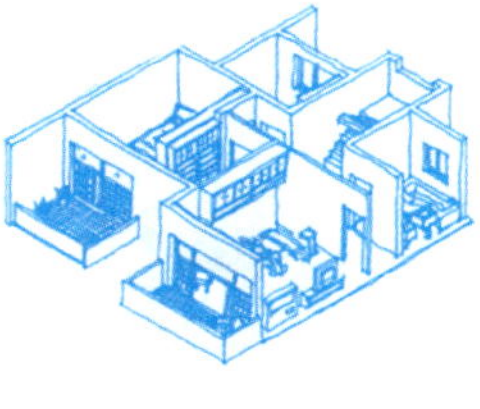
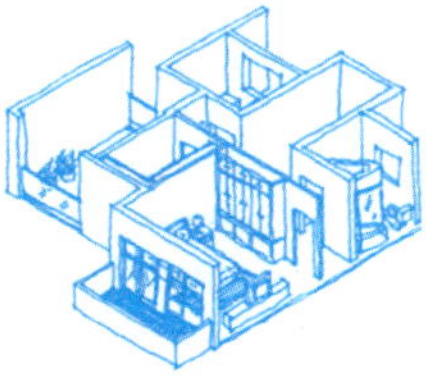

调研 / 黄于青

地点 / 上海

1984 年
建筑面积：50 m²
房间布局：一室一厅
性质：单位公房
描述：位于老式小区顶楼，占据公共楼梯平台搭建门厅和洗衣房。

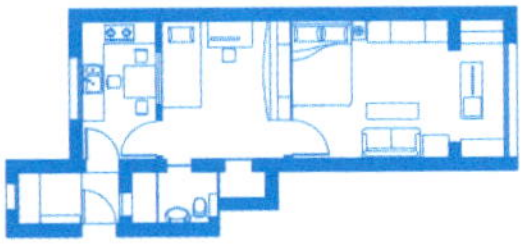

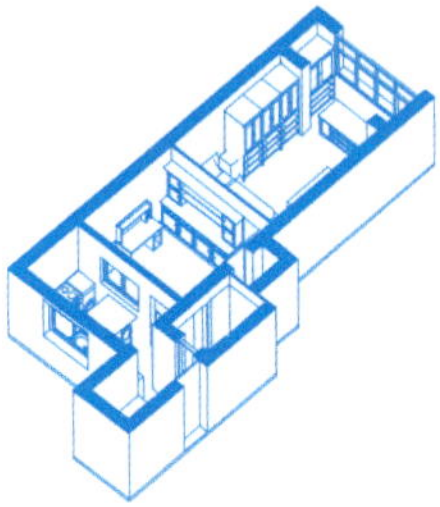

2002 年
建筑面积：117 m²
房间布局：三室两厅
性质：商品房
描述：阳台分别改用作厨房和书房，适应特殊需要。

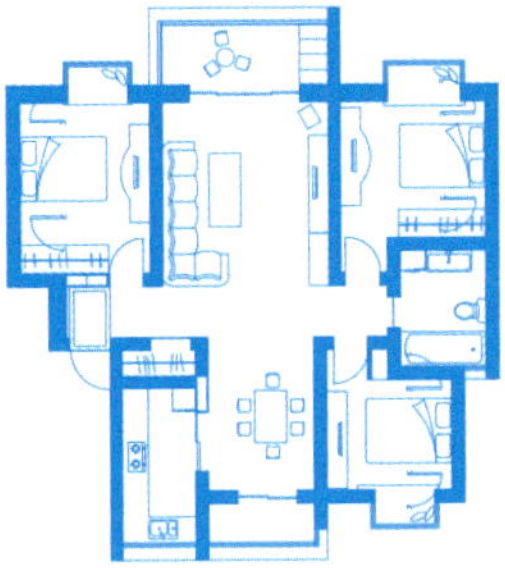

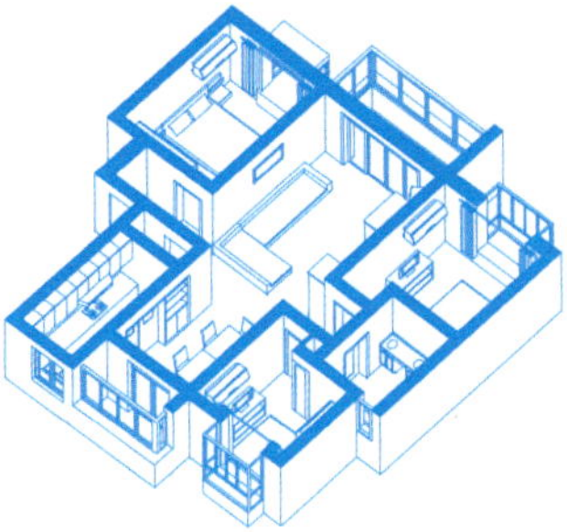

2007 年
建筑面积：102 m²
房间布局：三室两厅
性质：迁置房
居住人数：4 人
描述：功能分开，空间合并程度高。阳台设置电脑室，便于家长监督孩子的使用时间。

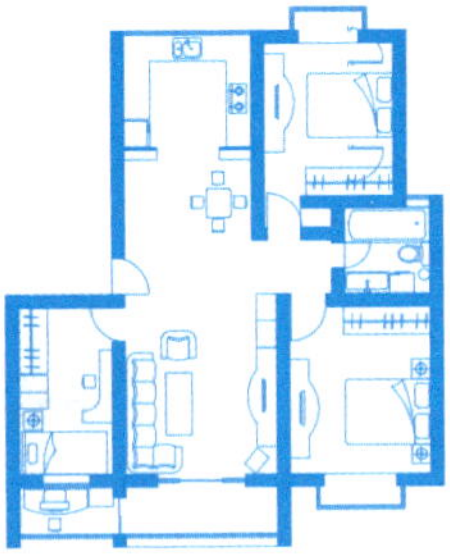

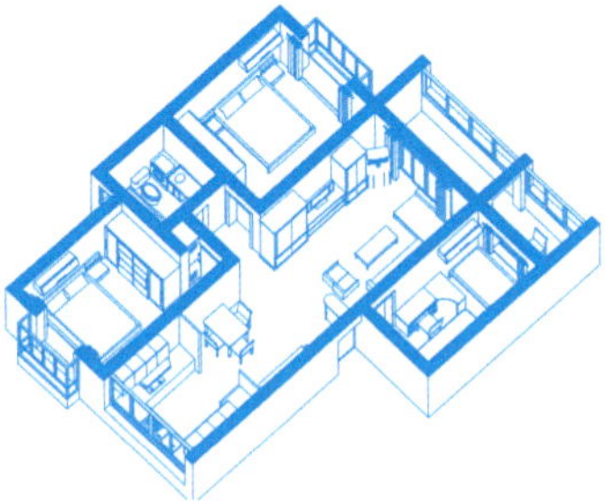

调研 / 李墨君

地点 / 黑龙江哈尔滨

1983 年

建筑面积：58 m²

房间布局：三室

性质：军产房

居住人数：5 人

描述：围合式内院，一层为沿街商户。住宅外墙很厚，储物家具多。

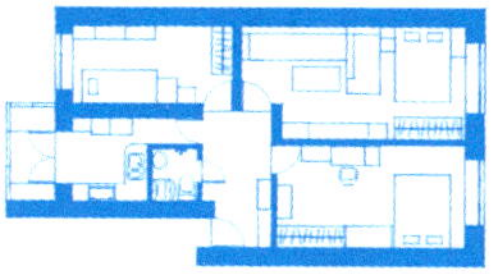

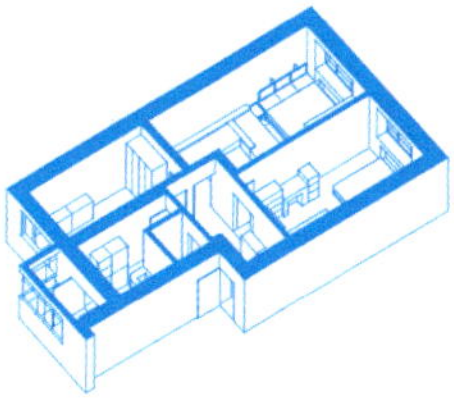

2009 年

建筑面积：107 m²

房间布局：三室两厅

性质：商品房

居住人数：3 人

描述：位于开发区，周边有体育场，形成超尺度街区。

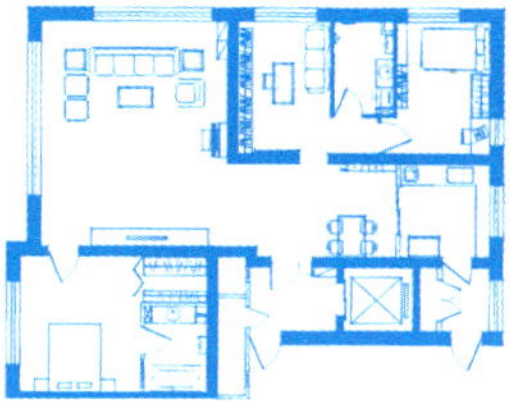

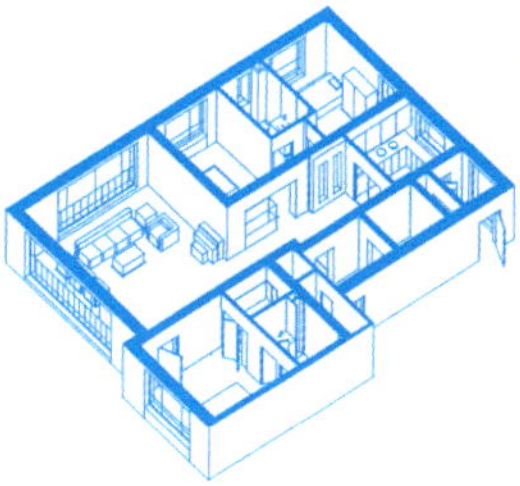

2016 年

建筑面积：133 m²

房间布局：三室两厅

性质：商品房

居住人数：4 人

描述：住宅沿江，为了获得更好的景观，户型的三个阳台全部朝北。外墙相对较薄。

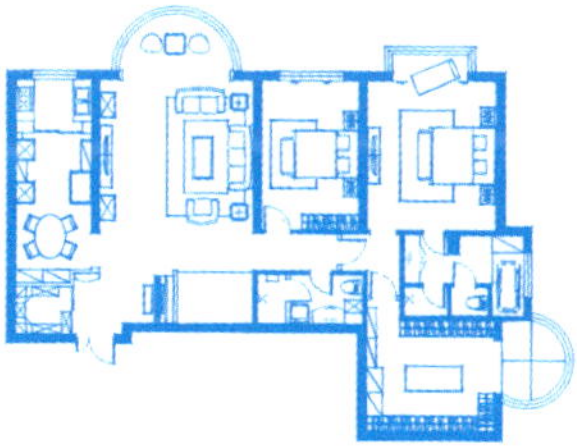

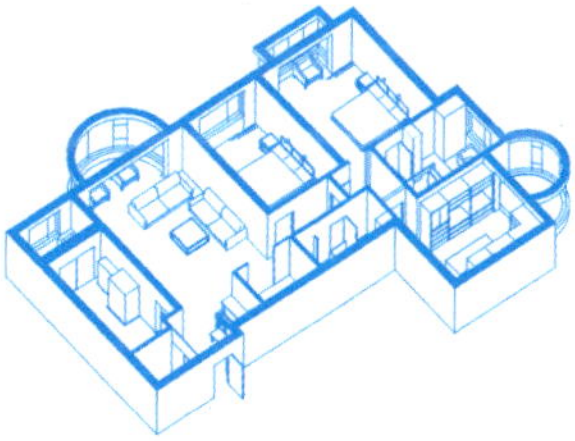

调研 / 李云宏

地点 / 广西柳州

1987 年

建筑面积：60 m²

房间布局：两室一厅

居住人口：3 人

描述：布局紧凑，功能只能满足基本的生活起居。公共与私密空间无明确界限，且流线有一定的重叠。

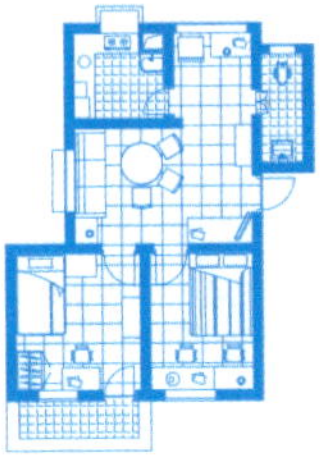

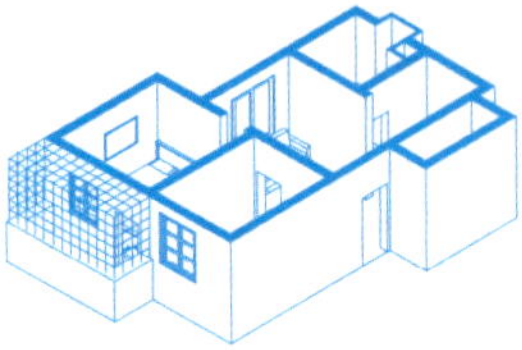

2001 年

建筑面积：160 m²

房间布局：四室两厅

描述：购房者多为附近医院及中学工作人员。每栋楼 6 层，含有三个单元，一梯一户。

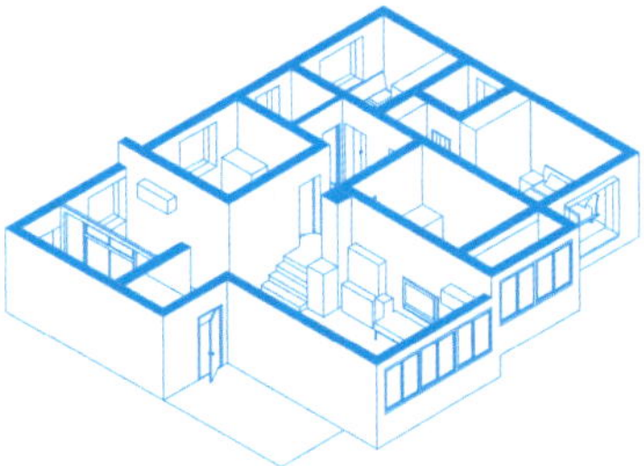

2009 年

建筑面积：120 m²

房间布局：三室两厅

描述：工厂职工住所。公共、私密空间有较明显界限。

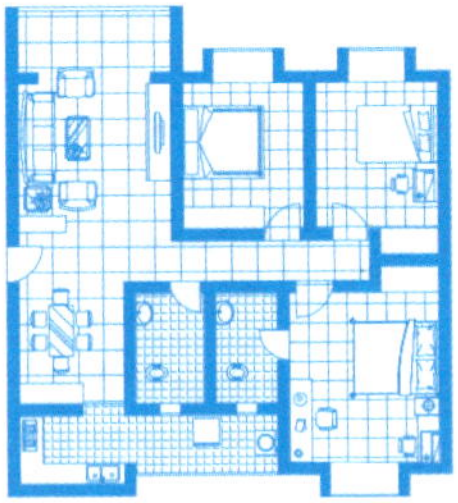

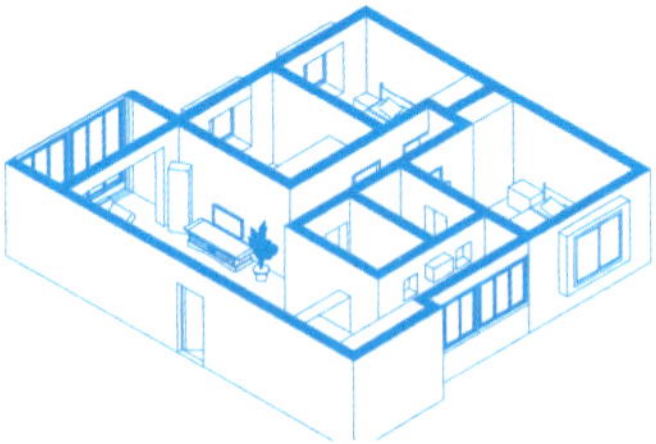

调研 / 林敏

地点 / 福建福州

1994 年

建筑面积：50 m²

房间布局：两室一厅

性质：单位分配房

居住人数：3 人

描述：位于老城区，南面有小学，房屋面积较小。客厅主要用作交通功能。

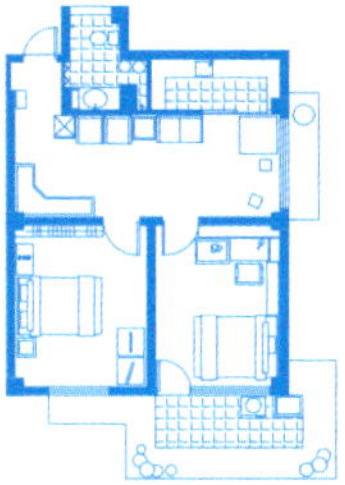

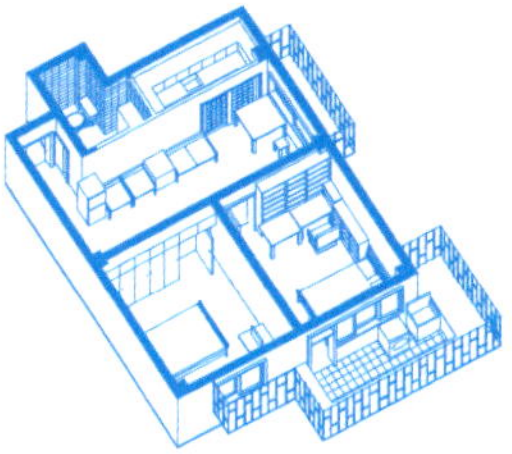

2000 年

建筑面积：90 m²

房间布局：三室两厅

性质：单位分配房

居住人数：3 人

描述：新村住宅，位于火车站附近。客厅、餐厅、主次卧在空间组织上增加了过渡空间，确保不会相互影响。

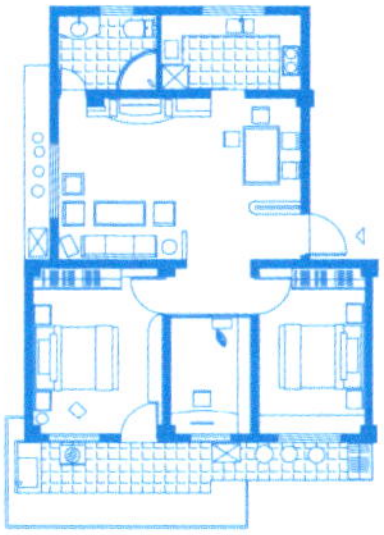

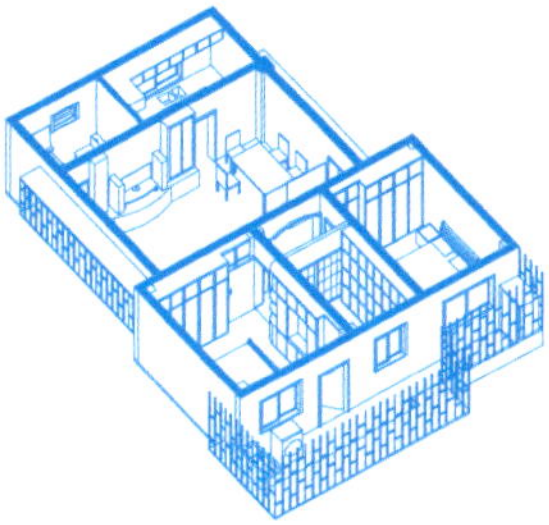

2008 年

建筑面积：133 m²

房间布局：三室两厅

性质：商品房

居住人数：3 人

描述：为了保证孩子房间的私密性，改造了房间原本的过道空间。

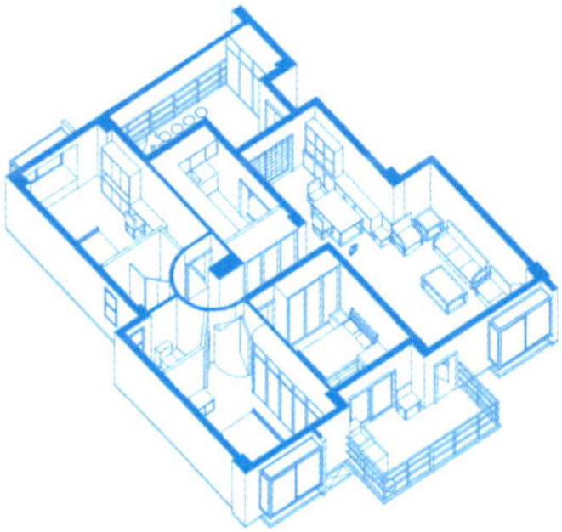

调研 / 刘斯腾

地点 / 浙江嘉兴

1997 年

建筑面积：80 m²

房间布局：两室两厅

性质：单位分配房

居住人数：4 人

描述：住宅六层楼高，行列布局，所有权归属公司，职工可返购。

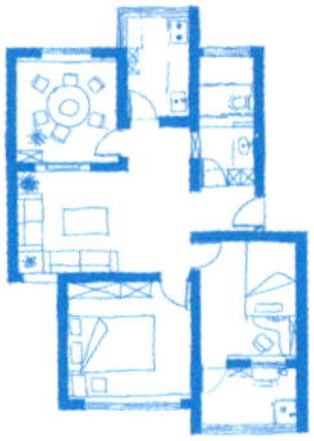

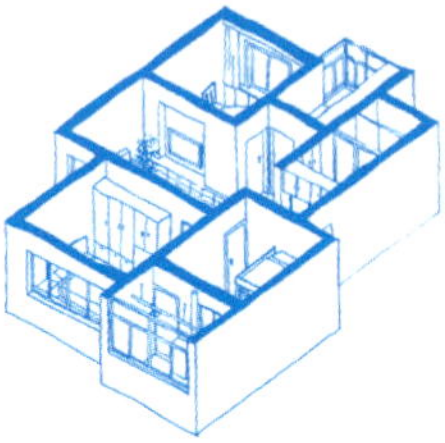

2004 年

建筑面积：139 m²

房间布局：三室两厅

性质：经济适用房

居住人数：3 人

描述：厂区附属住宅属性越来越向商品房靠拢，住户对于房屋的处置权自由度更高。

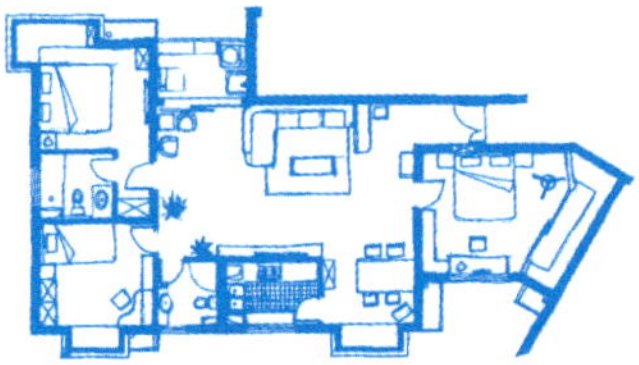

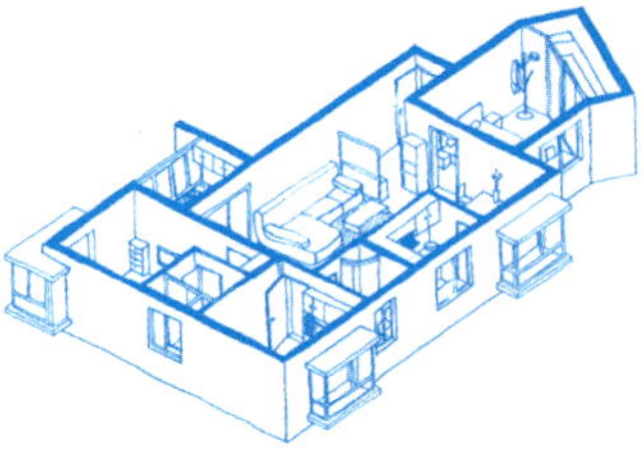

2011 年

建筑面积：180 m²

房间布局：四室两厅

性质：商品房

居住人数：3 人

描述：户型组织从高效变得个性化，小区的环境倾向于更加开放的公共空间。

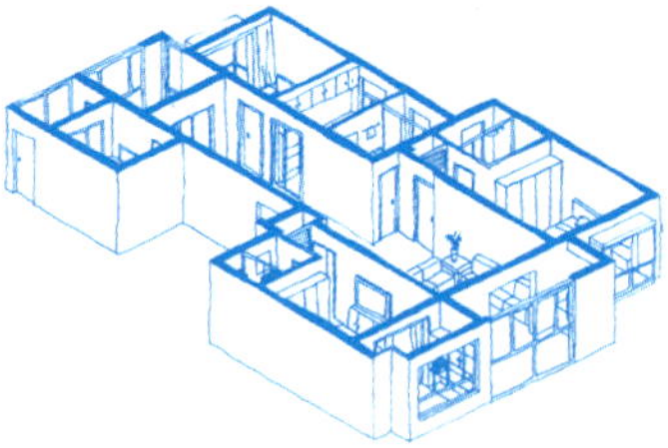

调研 / 罗西若

地点 / 陕西西安

1985 年，1998 年改造
建筑面积：49 ㎡
房间布局：两室一厅
性质：单位分配房
居住人数：3 人
描述：客厅与卧室面积几乎相同，房主表示客厅较为拥挤，不便于使用。卫生间使用不便。

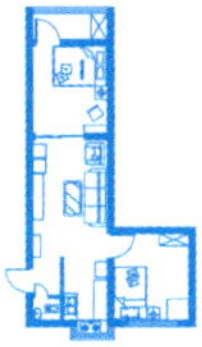

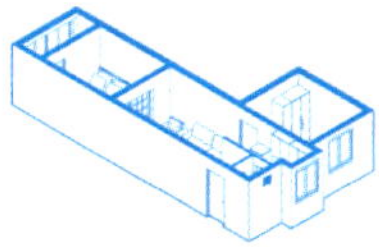

2006 年
建筑面积：121 ㎡
房间布局：三室两厅
性质：商品房
居住人数：3 人
描述：房主对布局进行改造，西边两间卧室打通，其中一个卫生间被改成储藏室。改后两个卧室及客厅均有南向采光，使用舒适感较高。

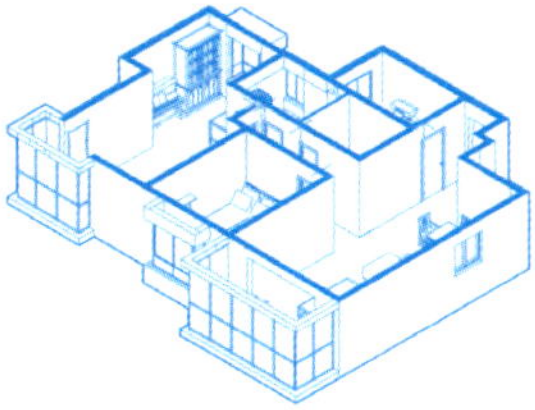

2014 年
建筑面积：89 ㎡
房间布局：三室两厅
性质：商品房
居住人数：4 人
描述：婴儿房现布置在父母房间，位于南卧，距离卫生间较远，使用不便。

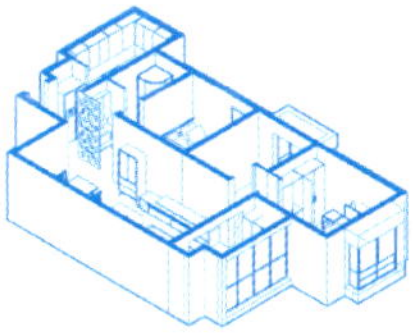

调研 / 邱雁冰

地点 / 广东潮州

1982 年

建筑面积：54 ㎡

房间布局：两室一厅

性质：单位集资房

描述：每栋房子四层，院落式，一梯八户。小区临近城市干道，白天有菜场。

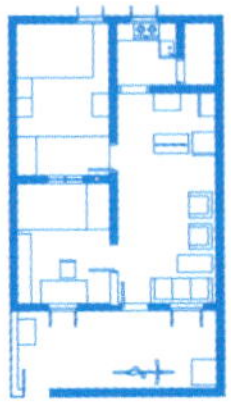

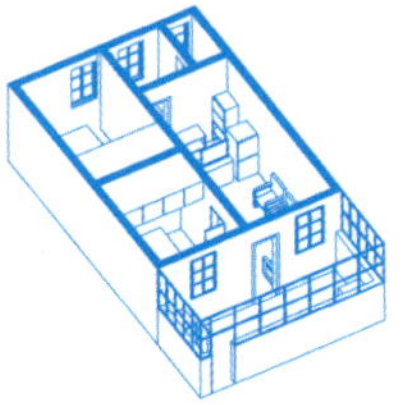

1994 年

建筑面积：93 ㎡

房间布局：两室两厅

性质：单位集资房

描述：卧室和客厅、餐厅分离，卧室面积较少，客厅更多地承载家庭活动。

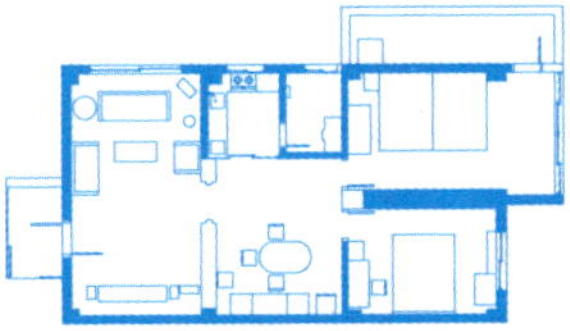

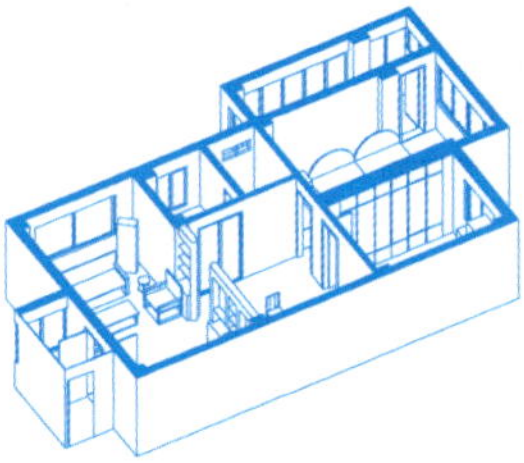

2013 年

建筑面积：129 ㎡

房间布局：两室两厅

性质：商品房

描述：餐厅和客厅有了明确的分离，流线不交叉，通风较好。

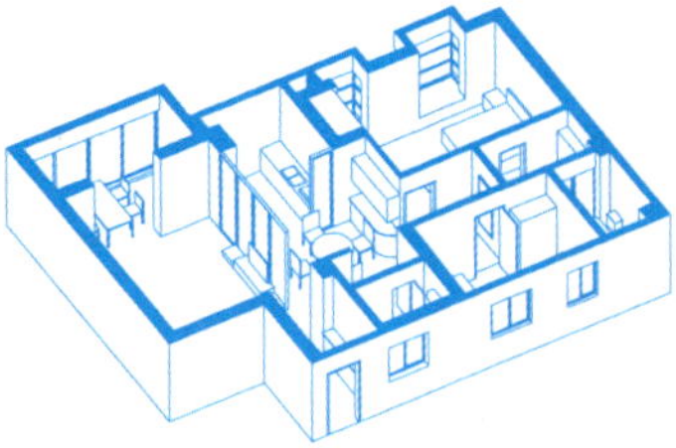

调研 / 汪滢

地点 / 福建永泰

1997 年

建筑面积：120 m^2

房间布局：三室两厅

业主职业：教师、地税局公务员

描述：侧面采光较差，整栋楼上层为住宅，底层为店面，中间层是地税局办公室。

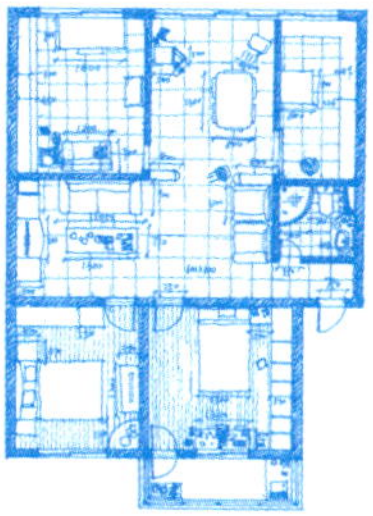

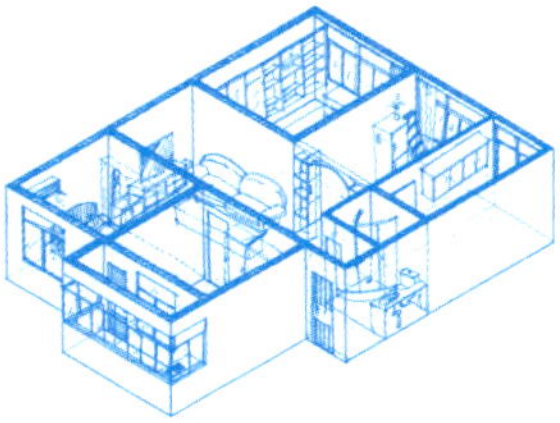

2008 年

建筑面积：173 m^2

房间布局：四室两厅

业主职业：教师、爆破工程师

描述：建筑沿街，底层商铺，裙房二层是摩托车车库，通过大斜坡进库。

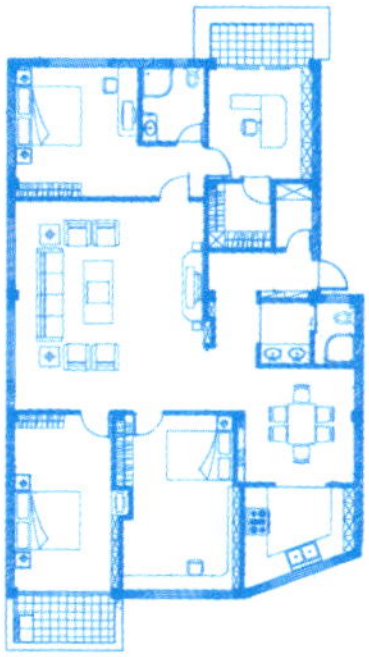

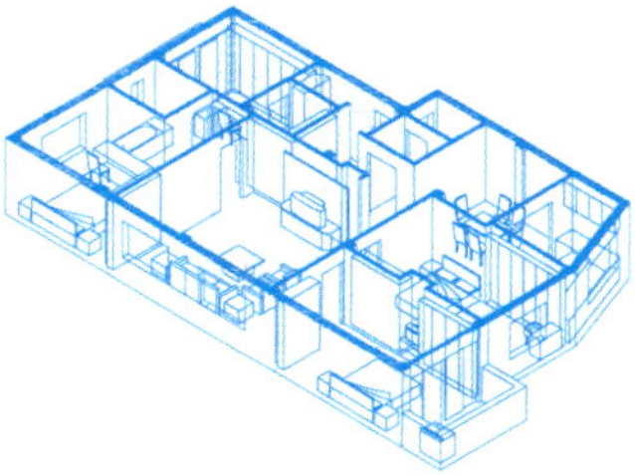

2008 年

建筑面积：92 m^2

房间布局：两室一厅

业主职业：个体户

描述：两梯四户，房型靠内侧，采光欠佳。

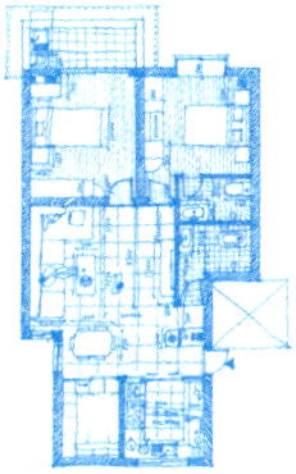

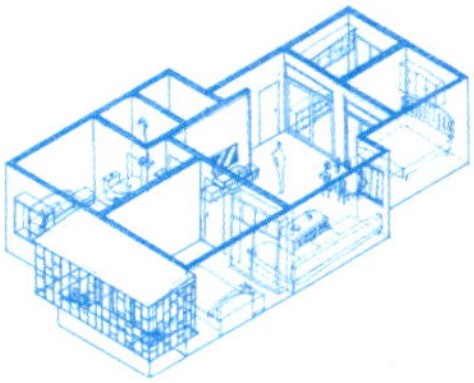

调研 / 王宣儒

地点 / 吉林长春

1979 年

建筑面积：26 m^2

房间布局：一室

性质：宿舍

居住人数：1 人

描述：原为大型国企员工宿舍，现为一单身老人住宅。

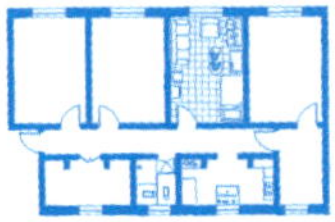

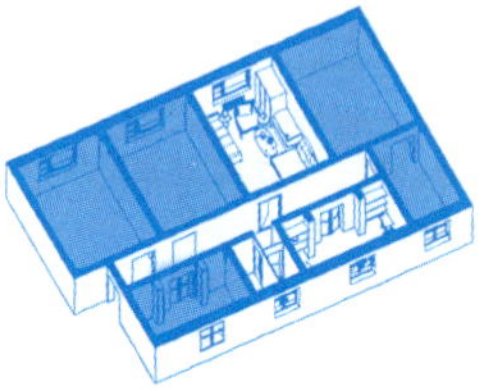

2000 年

建筑面积：62 m^2

房间布局：两室一厅

性质：单位住房

居住人数：2 人

描述：周边基础设施完善，房屋空间紧凑，现为一对退休夫妇居住。

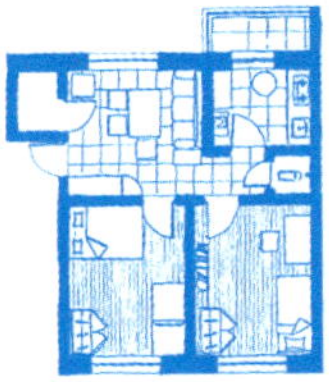

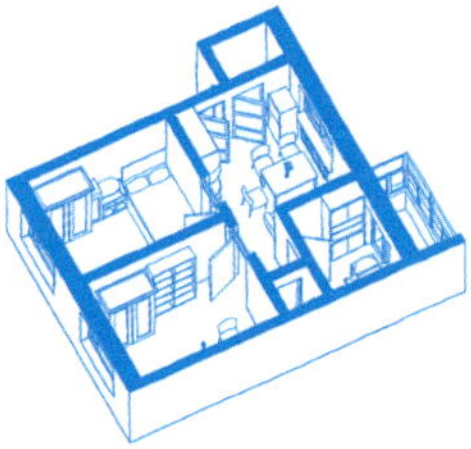

2000 年

建筑面积：137 m^2

房间布局：三室两厅

性质：商品房

居住人数：3 人

描述：业主私家车数量增多，一楼配有车库。由于进深大，北侧房间光照欠佳。冬季采暖方式为地热。

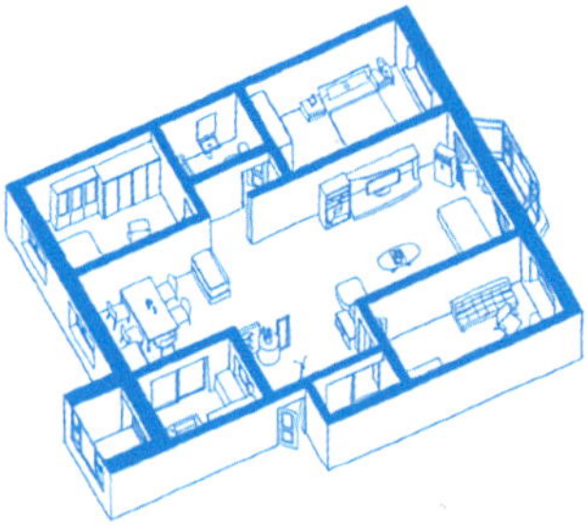

调研 / 王子宜

地点 / 湖北恩施

2002 年

建筑面积：139 m²

房间布局：三室两厅

性质：单位公房

居住人数：3 人

描述：层高高达 3.5 米，室内地面有 450 毫米高差分隔公共区域和私密区域。

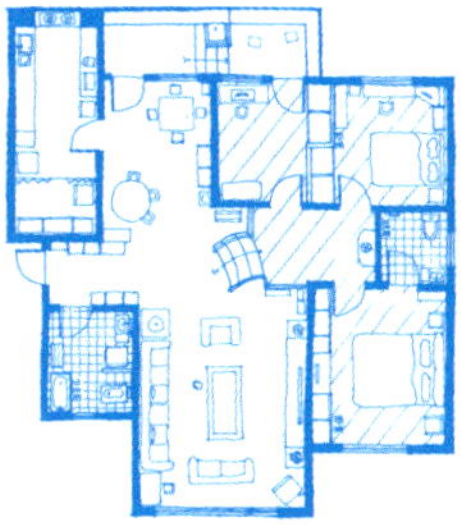

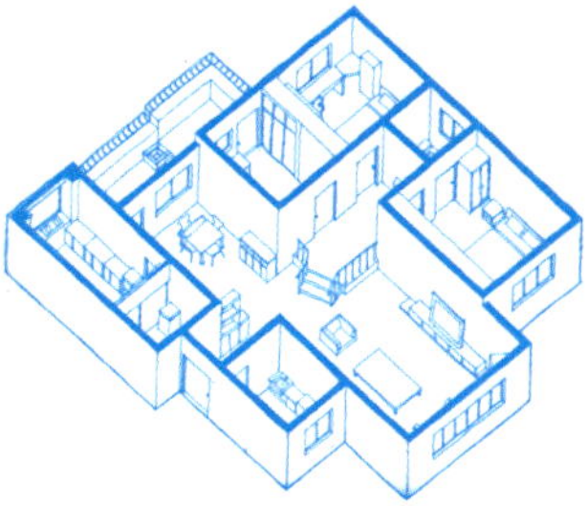

2009 年

建筑面积：89 m²

房间布局：两室两厅

性质：单位公房

居住人数：3 人

描述：入口玄关改为麻将房，厨房的门有所改动，原本餐桌的位置放置一个书桌。

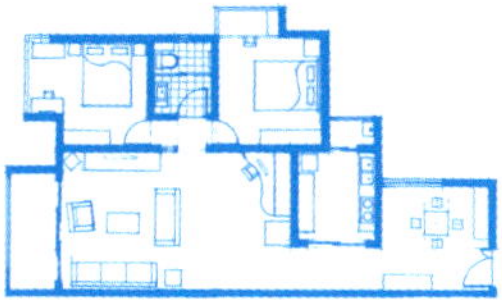

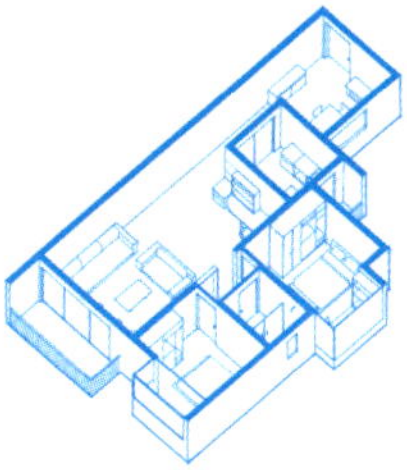

2015 年

建筑面积：142 m²

房间布局：三室两厅

性质：商品房

居住人数：3 人

描述：卧室壁柜打通改为衣帽间，另一个卧室改为书房，入口开在阳台上。

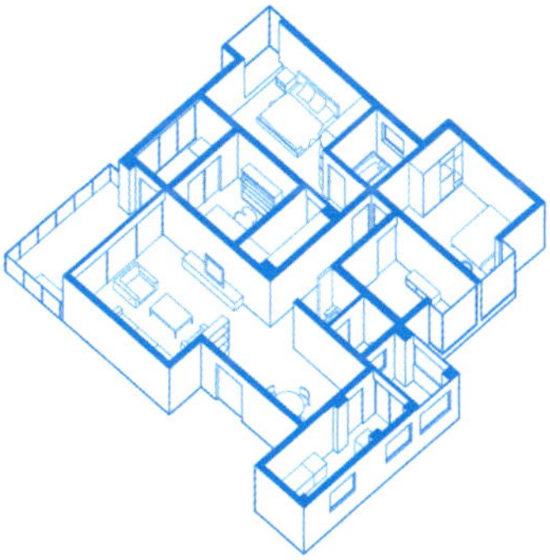

调研 / 杨天周

地点 / 北京

1982 年

建筑面积：70 m^2

房间布局：两室一厅

描述：重视卧室，关注公共空间质量。不重视卫生间的设计，未设淋浴。

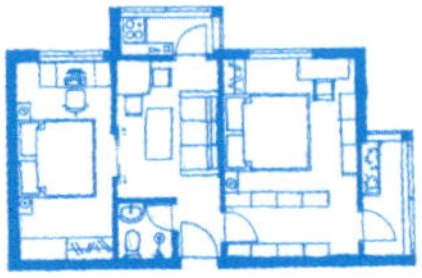

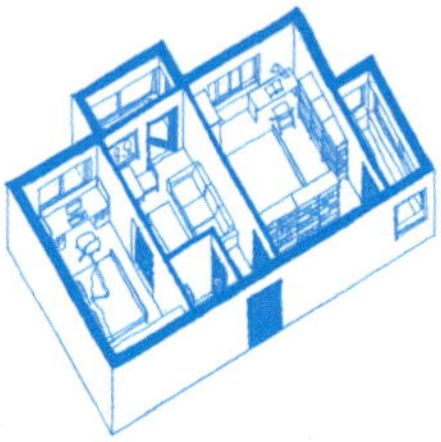

2000 年

建筑面积：100 m^2

房间布局：三室一厅

描述：开始注重公共空间的品质，卫生间加入淋浴功能，书房、厨房等特殊功能性房间开始出现。

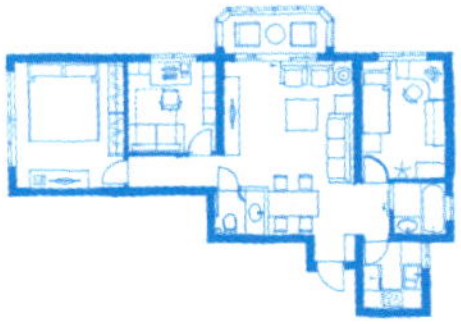

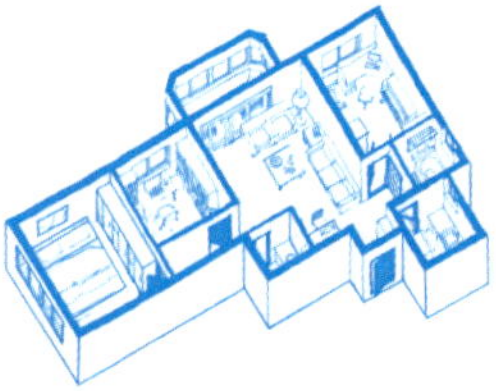

2009 年

建筑面积：110 m^2

房间布局：两室一厅

描述：明显注重公共空间的品质，公共空间所占比例增大，居住舒适成为核心目标。

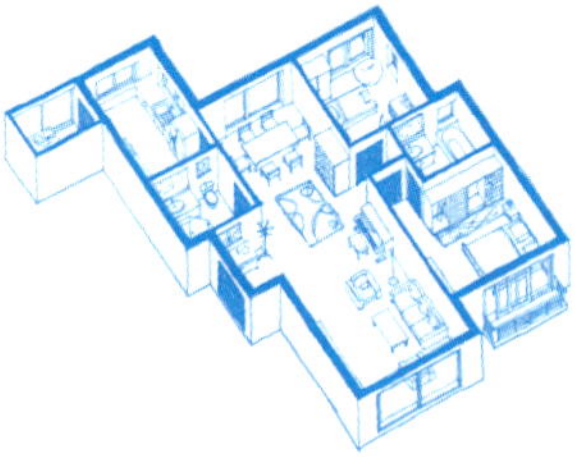

调研 / 叶子桐

地点 / 福建福州

1999 年

建筑面积：56 m²

房间布局：两室一厅

描述：政府干部用房，老城区早期商品房之一，没有小区概念，楼间距小，采光差，没有餐厅概念。

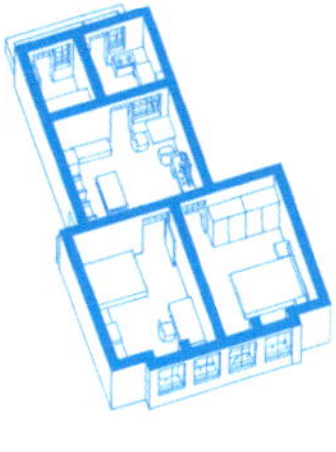

1996 年

建筑面积：114 m²

房间布局：三室两厅

性质：联排别墅

描述：小区概念变强，重视南向采光，北边邻近小学，为了小学交通方便开放小区，导致上下学时段小区内有些嘈杂。

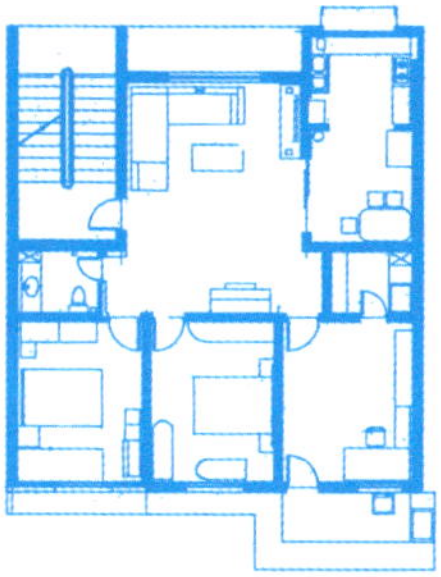

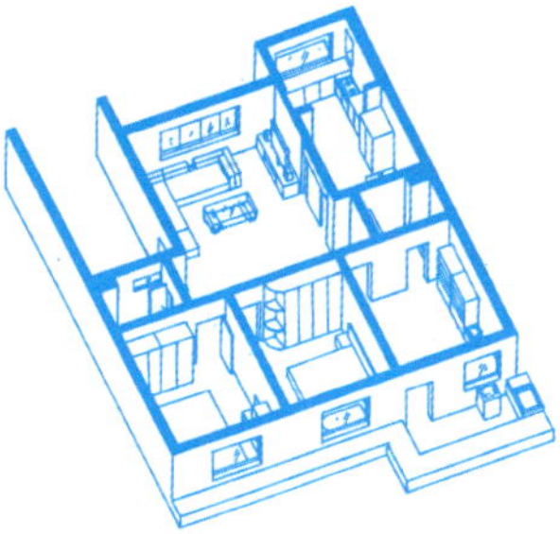

1990 年

建筑面积：117 m²

房间布局：三室两厅

描述：住宅区关注沿河绿化带和滨水空间的建设，形成自然水域 - 沿河滨水空间 - 低矮的别墅区 - 商品房高楼的过渡性的城市界面层次。

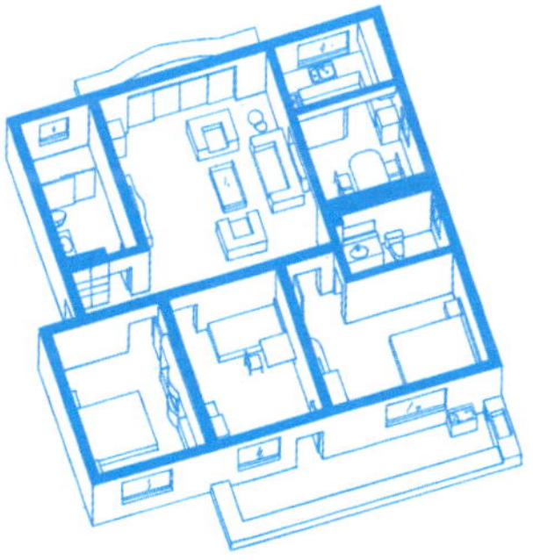

调研 / 张浩瑞

地点 / 四川成都

1991 年

建筑面积：70 ㎡

房间布局：两室一厅

性质：集体宿舍

描述：集体分配住房，面积狭小，功能紧凑，能满足日常生活需要。

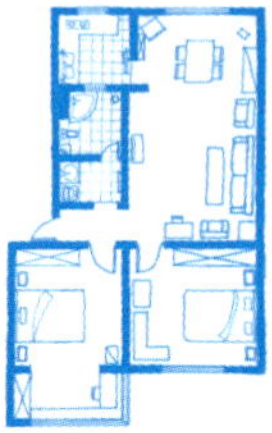

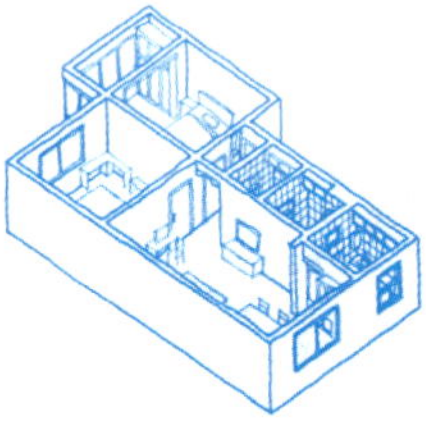

1999 年

建筑面积：160 ㎡

房间布局：四室两厅

性质：集资房

描述：集体集资建房，面积宽敞但略微浪费，功能完备，充分满足日常生活需要。

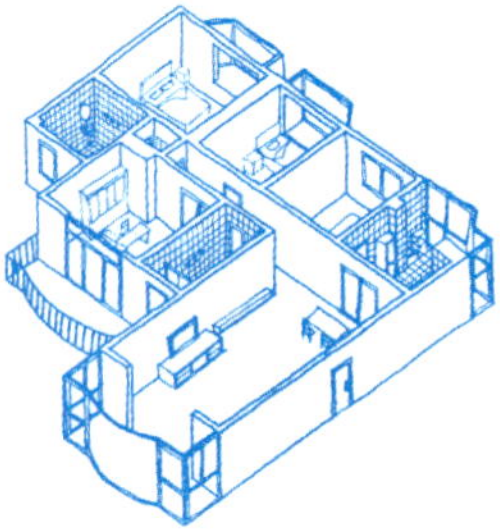

2010 年

建筑面积：180 ㎡

房间布局：三室三厅

性质：商品房

描述：户型配备更丰富的功能空间，如花园、天井、地下室等，对改善生活品质、提升生活情趣有极大的作用。

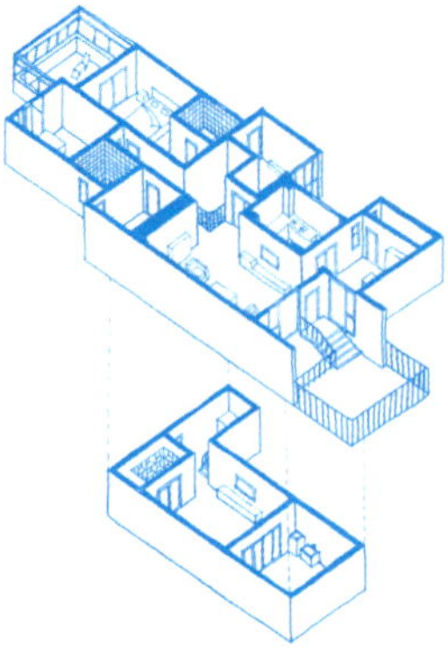

调研 / 张雯珺

地点 / 上海

德安里某住户

居住人数：1 人

描述：租客为外来务工人员李阿姨，下班后在房间内时间较多。由于住户只是暂居上海，所以房屋功能简单，家具配置非常基础。

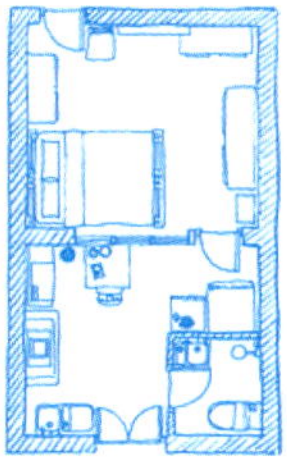

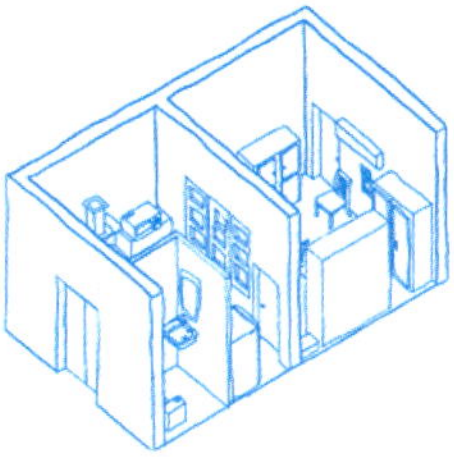

来安里某住户

居住人数：2 人

描述：住户刘奶奶和她丈夫为上海本地人。子女都在新建小区购置了新宅，老两口喜欢邻里之间的和谐氛围，就继续在来安里居住。

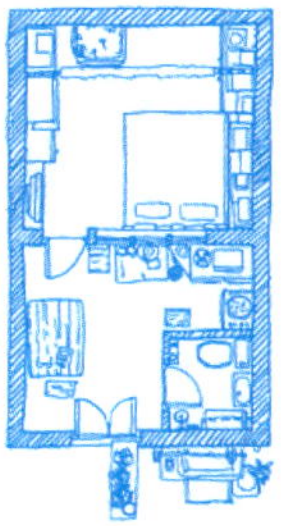

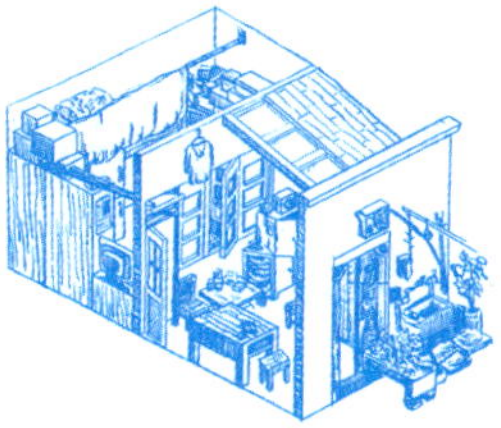

山东南路某住户

居住人数：1 人

描述：本栋楼现有 4 户人家居住。堆放杂物的公共厨房是四户人家唯一的交通空间，楼梯陡峭。

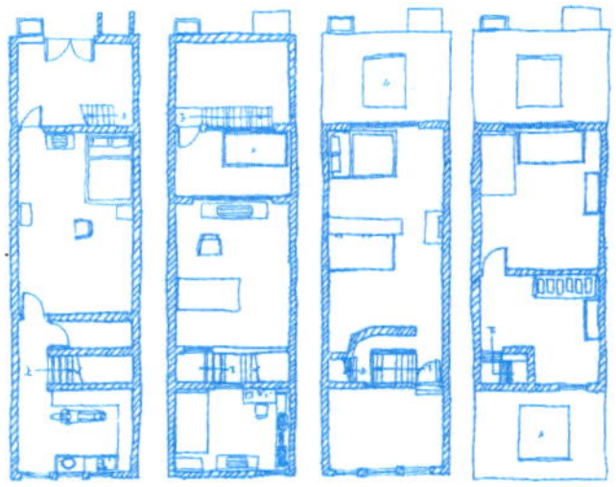

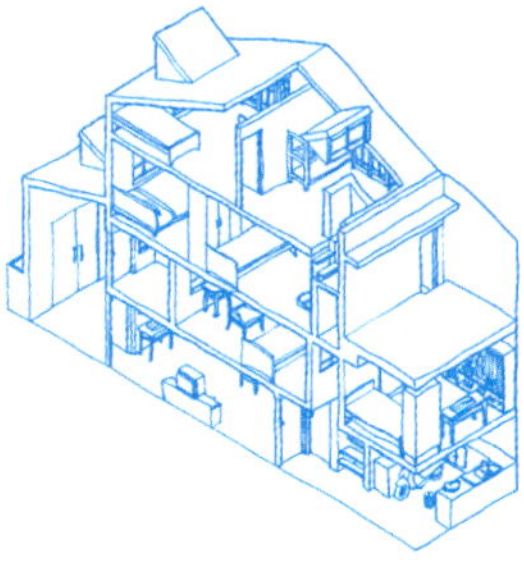

恒丰里 南北立面

恒丰里，建于 1920 年，
由 16 幢 2 层砖木结构的花园里弄住宅组成，
原为独立成套日式公寓住宅。

拱券入口，砖砌倒角窗框，双坡屋顶带尖形老虎窗，
清水红砖外墙，局部简化的古典装饰和柱式。

基地周边的城市研究
虹口
1617
逆向还原 © 阿科米星

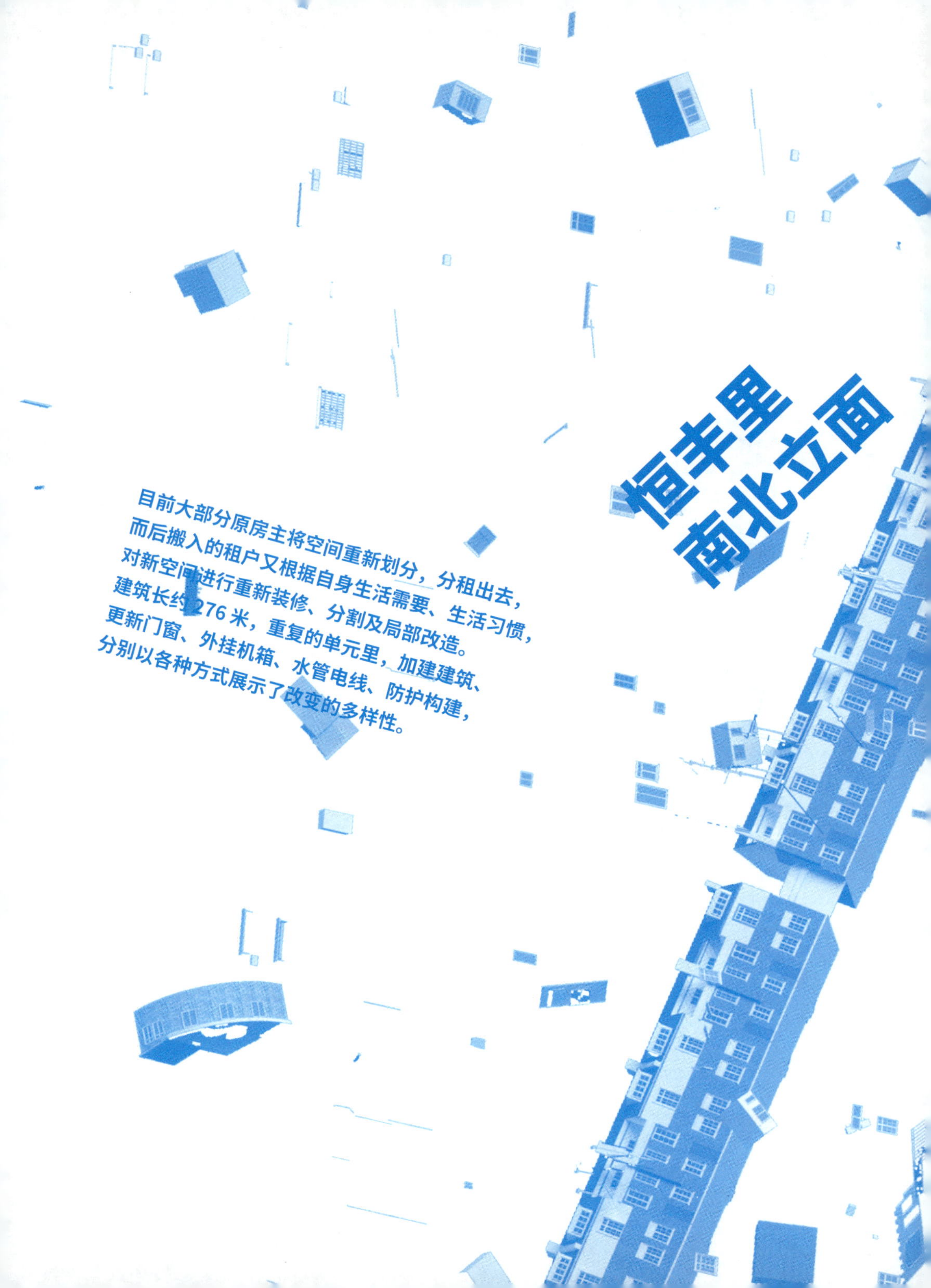

恒丰里南北立面

目前大部分原房主将空间重新划分，分租出去，而后搬入的租户又根据自身生活需要、生活习惯，对新空间进行重新装修、分割及局部改造。建筑长约 276 米，重复的单元里，加建建筑、更新门窗、外挂机箱、水管电线、防护构建，分别以各种方式展示了改变的多样性。

基地周边的城市研究
虹口
1617
逆向还原 © 阿科米星

水电路新中新村“二分之一房”

这个住宅的一半已被动迁数年，之后这一部分门窗洞口被砖封堵上，而在另外一半，居民照常生活其中，相安无事。冗余的空间状态仿佛城市构筑物呈现出了某种自然原始的状态，抽空原来功能的物质形态变得无目的，任由人们选择利用。

基地周边的城市研究
虹口
1617
逆向还原 © 阿科米星

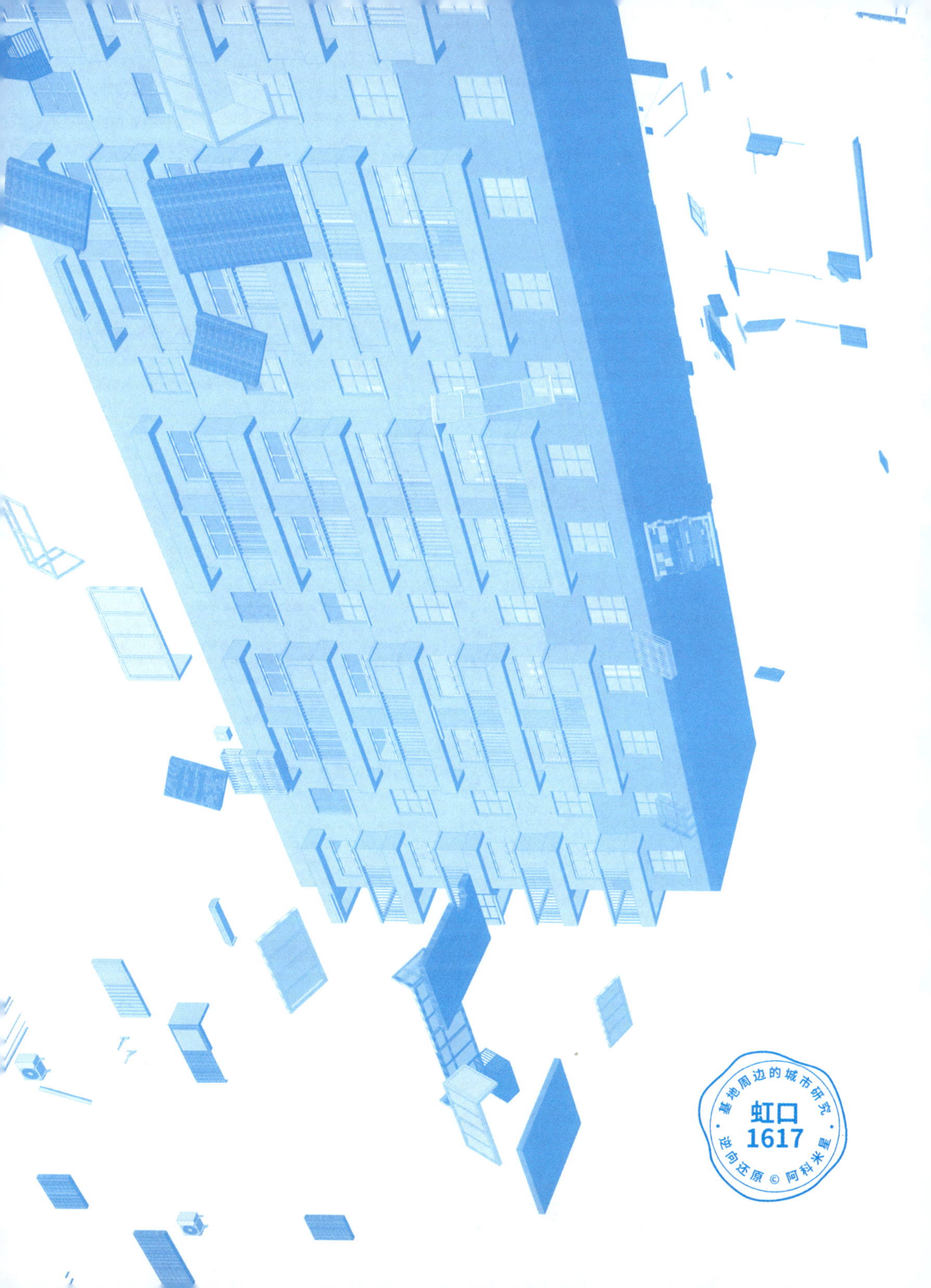

基地周边的城市研究

虹口 1617

逆向还原 © 阿科米星

2

作业二　基地调研与局部微更新设计

Assignment Two
Site Investigation &
Micro-Regeneration Design

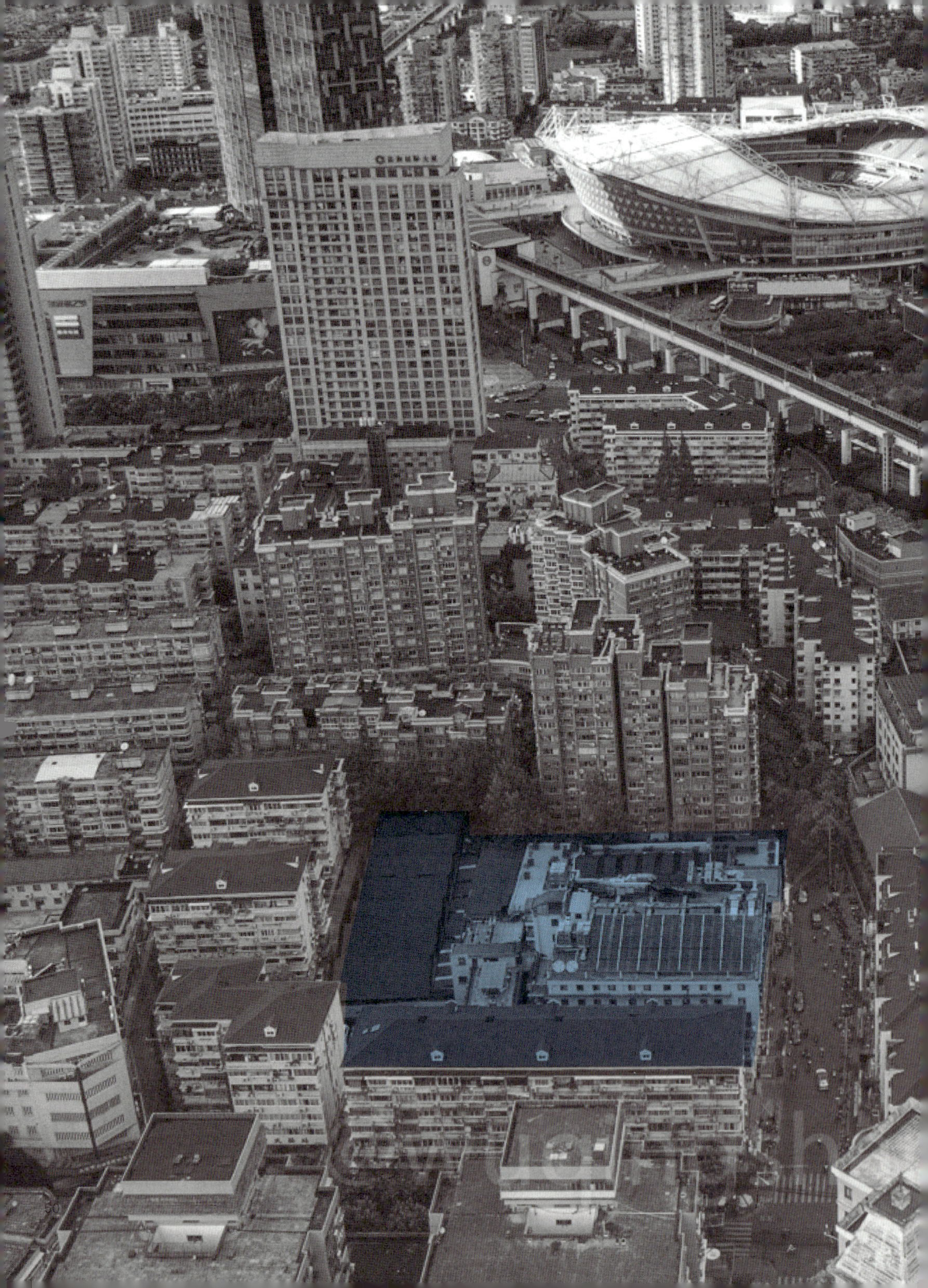

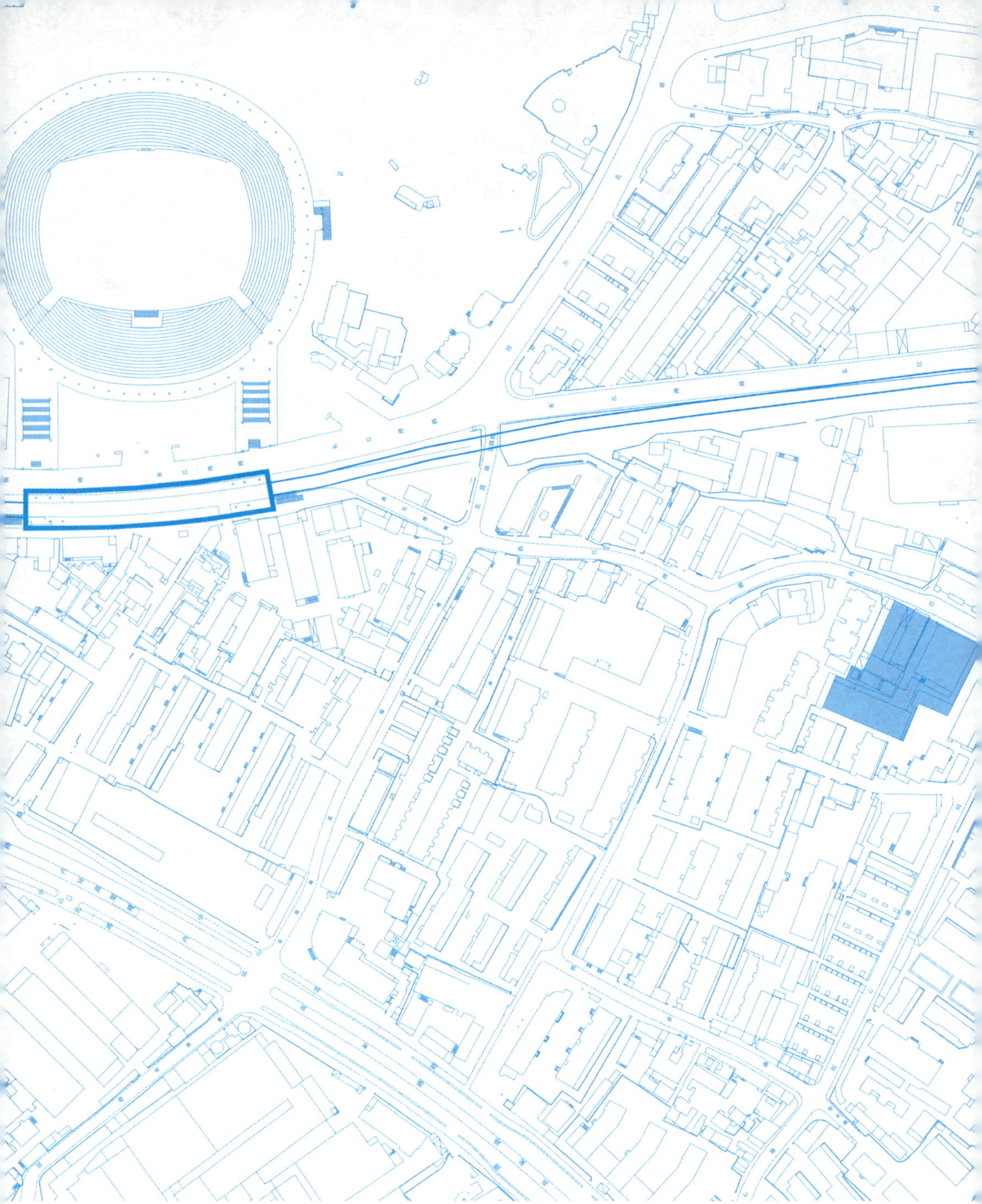

调研对象

西江湾路 122—126 弄，一处城市中曾被改造过的建筑群落。现有建筑是中广小吃街、菜市场、白领公寓的建筑组合体，一处现实中的“小菜场上的家”。该建筑群落东临西江湾路，北接建玮公寓与钧茂小高层住宅区，西、南两侧为同心路 125 弄多层住宅与住宅区。

课程目标

通过对现有“小菜场上的家”的调研，建立从城市规划、城市功能、城市空间、城市演化等宏观角度对城市建筑的理解。

直观认识城市建筑的更新、改变的日常状态。

确立研究的基本方法，以分析建筑与城市之间的关系、城市建筑复杂构成背后的逻辑。

课程内容

第一阶段小组调研内容

调研记录现状“菜场之家”的整体功能、空间组成、形态细节，拍摄照片或影像资料。分析建筑的功能、使用、空间与所处城市位置、交通、周围城市环境、使用人群之间的关系；找出这个建筑目前被改造的逻辑，其形态、体量、空间生成的背后原因。

分组建议：商业餐饮超市组、菜场组、白领公寓组、其他公共空间组、周边城市组。

成果要求：①共同制作现状实体（比例另定）与 SU 模型，两种模型都要求各大主要功能体量与空间可拆解。②正式图文表达调研成果，包含完整的文字加分析调研报告、建筑总平面、平立剖图纸和指标。成果要求为展板与共同完成的文本。

第二阶段个人设计内容

每个同学在这个现实中的“小菜场上的家”之中找一处局部或一个单一的系统或主题进行新的改造设计，以改善使用情况与建筑环境。

成果要求：设计说明、成果图纸、模型（根据表达自定是否需要）。

作业介绍

调研是建筑设计作业的基础，调研的走向及定位影响着学生对课题的认识，是对学生的建筑观念进行引导的重要内容。“小菜场上的家”课题作业成果的定位在很大程度上是在调研时期便形成的。课题希望引导学生用一种全面的眼光来看待建筑，并用综合的手段以建筑为媒介来解决现实的问题。

从这个角度看，首先需要让学生认识到，考察一个项目的时候不能将眼光局限在纯建筑的范畴之内。只有更加全面的调研才能了解与项目相关的各方面重要信息，并理解建筑设计工作的目的不仅仅是空间及造型，更是对人及社会的行为和意识进行的梳理及组织。在调研中除了物理空间，很多其他因素也应该是考察的对象，比如建筑的实际运营状况、建筑在现实生活中给人的实际感知、建筑与特定城市环境及社区的互动、建筑中不同功能的组合所能带来的社会作用、特定功能的项目对设计工作的约束及其所具有的潜力、设计及建造团队的资源精密整合的方式等。作业一暑期调研关注的是住宅的使用方式和时间性问题，以及不同地区菜场的运营模式比较。作业二聚焦到基地及周围城市空间，对菜场和住宅在城市及社会环境方面的关系进行研究。这类调研的内容必然是庞杂的。

在调研阶段，学生的设计方案都没有成形。调研的内容哪些将与具体设计相关，哪些不相关，在这个阶段很难看清楚。设计概念除了可以从纯建筑领域内发起外，也可能从其他领域内发起，调研得到的信息常常就是引发概念的基本条件。调研中还可以为后续设计找到很多的限制条件，对这些条件的吸收过程像是对任务书进行精确化的过程。这几点也使调研的内容需要庞杂。

在有限的调研时间内，调研任务的设置要满足这种对“庞杂”的要求。为此，作业设置中首先让学生在本作业第一阶段的个人调研里可以在前述任务书的四个大方向的前提下以自己的兴趣寻找切入点。个体的差异使此次调研中得到的切入点面貌非常丰富。其中很多好的切入点被延续下来作为下一次集体调研的内容，有的甚至成为新的调研方向。切入点的多样性保证了调研内容的丰富。

随后的第二阶段集体调研中，老师也只设定几个范围，不对研究细节做严格规定。学生需要围绕主题进行发散式的思考，并自行选择具体观察对象进行研究。这也为调研成果增加诸多视角。对成果的分享让全班学生在很短时间内听到多方面的信息，各种调研得到的内容能在学生个体的脑海里形成一个关于项目及场地状况的庞杂信息网络。

当然，庞杂表象之后有课题对调研走向的明确要求，学生要对被指定物理空间所处的社会环境进行阅读，并试图揭示空间中日常发生事件背后的原因。任务书中要求的菜场及住宅都与社会有不同的关联，学生要通过调研将这些关联部分的面貌揭示出来。为了没有明显的缺项，调研中学生分头对不同的对象进行观察。在作业二的第二次集体调研中，老师将学生分成五个组，每个组针对不同的调研内容。

第一组的调研内容为“周围城市环境”。该小组的调研内容将是对周围城市环境的一次彻底“扫盲”，该地区的历史发展、住宅类型和特征、商业及文化氛围和发展、城市街道尺度和性质等的调研分析，对全班同学理解场地有很大的借鉴作用。

第二组的调研内容为“菜场”。此部分内容是课程设计中的一项主要内容，暑期调研中同学们已经取得诸多不同地区的样本。但是菜场有其自身的运作规律，菜场内不同功能空间的布置及其背后的原因、菜场运营管理的方式、菜场工作人员和摊主的使用需求、顾客的行为特征等问题都将是调研的内容。课题任务书对菜场的功能没有详细的要求，这部分设计条件实际上是由学生通过调研获得的。再者，基地上的菜场是由原来的厂房改建而成，它的物理环境和旧有结构对其自身发展会有影响，周边城市环境的变化也一定会反向作用于菜场，希望学生通过调研能够找到菜场在城市环境中的作用，以及城市活动及城市空间的物理特征给菜场带来的影响。通过小组同学的观察及分析，全班学生可以理解菜场不仅仅是一个独立的功能，更是城市生活及城市空间中的重要组成部分。其空间及活动不应该在纯建筑学范畴内进行理解。

第三组的调研内容为“白领公寓”。学生对于居住环境的感受可能更多来自切身的生活经历，对于基地周围住宅的建造、居住、建筑品质、社会环境状态等方面还不了解。这组学生在获得资料的方式上，需要有较多发散性思考。既要了解该地区的住宅历史发展，从专业资料中找寻线索、进行研究，又要有选择地进行走访，了解物业和租户的第一手资料，甚至从房屋中介公司了解周边房屋的相关状况，并结合现场的观察勾勒出关于住宅与居住的完整故事。

第四组的调研内容为“商业餐饮超市”。基地底层的商业和菜场必然与周边各种不同形态的商业形成互动的关系。现在商业部分的建筑是在多年的历史变迁中加建形成的，调研希望学生通过对建筑体量演变和城市周边商业业态的分析，以及对典型店铺的研究，对空间的使用需求及现状背后的诸多因素有更深的思考，对商业有更加全面的了解。

第五组的调研内容为“其他公共空间组”。基地内现存的几栋建筑物是根据功能的需求陆续增加的，加建及改造的部分虽然解决了当时的问题，但势必也会带来新的问题。调研希望学生能对这些日常的、普通的建筑给予更多的关注，以建筑师的方式来望闻问切。公共空间不仅是指建筑内的屋顶平台、公共厨房，建筑之间的交通、休憩空间，更希望学生能扩大视野，看看基地内的公共空间与周边城市公共资源的关系。

本作业的调研课题既有系统性的控制，也给学生主动发掘研究对象预留了足够的空间，两方面的结合使调研成果可以既有庞杂的特点，又有在课题要求领域内的深入挖掘，为后续的设计提供必要的基础条件。

本作业最后一个阶段是城市“局部微更新”的个人提案，它让学生在调研的基础上在西江湾路的城市环境中寻找用简单的设计就能提升其空间品质的切入点。将调研引入设计的话题，在引发学生兴趣的同时，让学生更积极地寻找和建立调研与设计的内在关系。

本调研作业周期两周半，期间得到了很多调研成果。书中很难将所有成果进行展示，我们只对作业中“基地调研与局部微更新设计”小组调研部分成果及个人微更新作业的部分图纸进行汇总，并附上作业汇报时教师的评语。该作业小组成果汇报的时间是 2016 年 9 月 22 日，个人成果汇报时间是 2016 年 9 月 29 日。

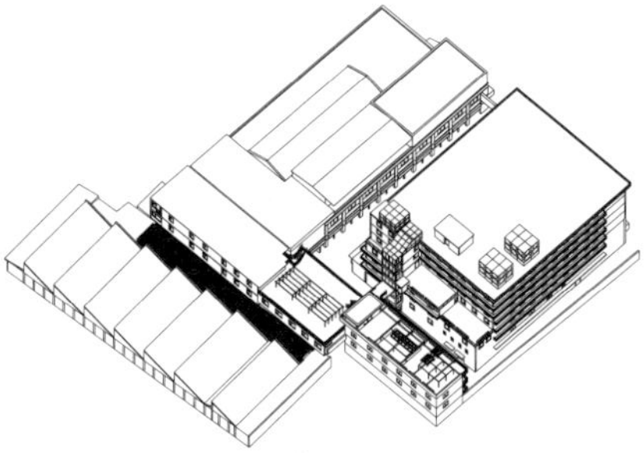

基地原状轴测图

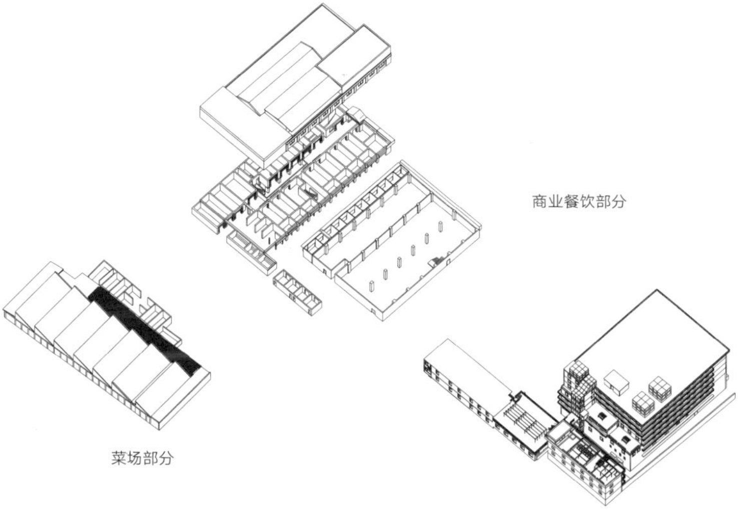

A 小组调研——周边城市环境组

1. 地块基本特征

1.1 地块区位

基地所在区域为上海市虹口区，位于上海市内环以内边缘地区，与上海市市中心以及五角场城市副中心距离较近。

1.2 基地历史变迁

虹口足球场，前身是体育游戏场。前后进行了 4 次改造。

虹口公园，1905 年正式开放，专供西籍侨民游乐；1928 年以“虹口公园”为园名对华人售票开放；1956 年鲁迅先生灵柩从万国公墓移葬于园内，建鲁迅墓与鲁迅纪念馆；1988 年始称“鲁迅公园”。

六三花园，位于现基地与龙之梦的中间位置，后来被改成一个工厂，现在又演变为住宅区。六三花园曾是日本人经营的一座日式花园，为在沪日本上层人士常到之所。

北四川路，是广东人和日本人混合聚集的地方，美食繁多，商业繁华，曾名列老上海商业街前三名。

唐宋	河道纵横，村落沿河发展
五代十国	江湾集镇出现
	天通庵集镇兴盛
1843	上海被迫开埠
	美租界开华洋杂居先例，虹口居民增多
1863	划定美租界界限，跨三区
	同年九月，原英、美租界合并成上海公共租界
1873	来沪经商日侨增多
1876	吴淞铁路修筑
1903	租界当局越界修靶子场、江湾路，设北四川路捕房。同时期日本势力膨胀，人口数激增
1915	同济路（同心路）由同济医院出资，华界政府修筑
1932	虹口商业萎缩，北四川路成为文化“反围剿”阵地
1937	虹口区沦为日寇占领区

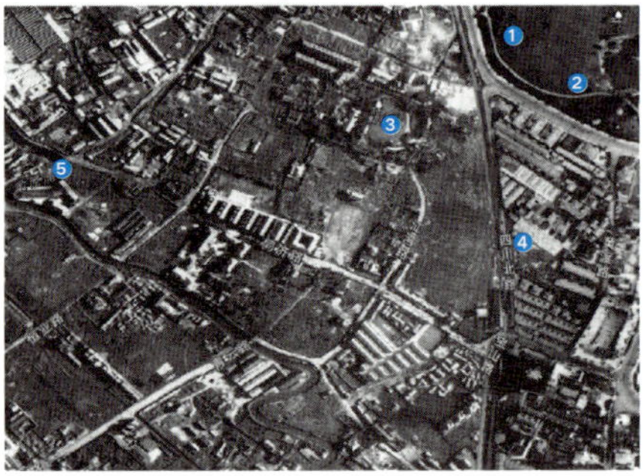

1. 虹口体育场
2. 虹口公园（今为鲁迅公园）
3. 六三公园
4. 北四川路（四川北路）
5. 天通庵车站（上海电池厂）

汪滢 / 邓希帆 / 华心宁 / 李墨君 / 林敏

1.3 公共服务

地块周围分布着多伦路历史风貌区、溧阳路历史风貌区等，文化氛围浓郁。

地块周围商店超市较多，医疗设施有两处，生活比较方便。

公共交通设施方面，基地沿江湾路向北走 5 分钟，步行范围内有 8 号线虹口足球场地铁站，四周主路上均有公交车站，交通便利。

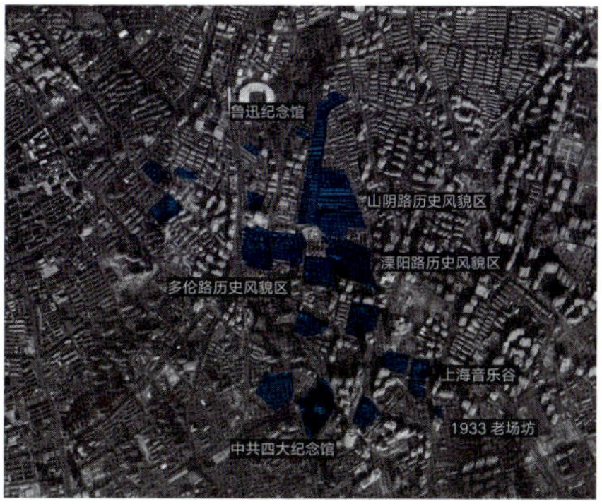

文化片区地图

医疗及商店、超市分布情况

公共交通设施——公交车站分布

A 小组调研——周边城市环境组

1.4 城市肌理演变

城市肌理

农田逐渐被工厂建筑和高密度住宅区替代，随后多层及高层住宅的出现使建筑密度逐渐降低。

路网变迁

随着城市的发展路网逐渐变密，以往沪松铁路交通要带的地位被中山北一路立交和轨道交通三号线、东江湾路取代。

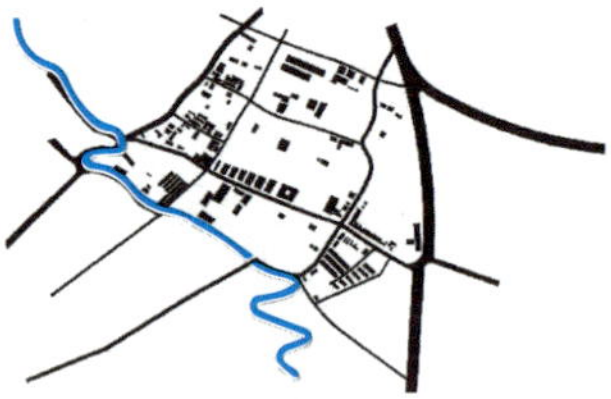

1948

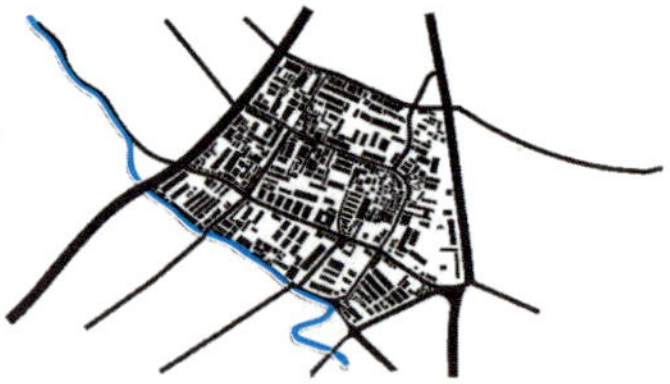

1979

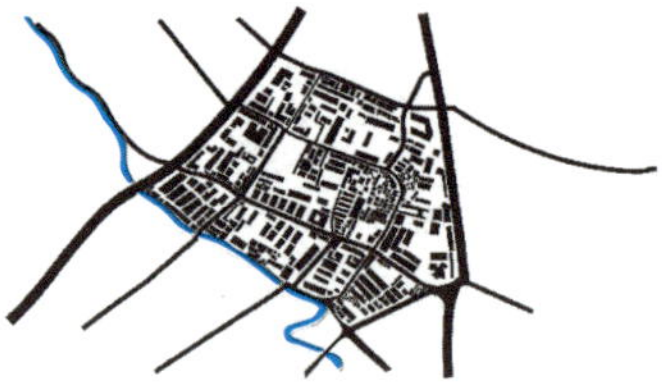

1994

2006

2016

汪滢 / 邓希帆 / 华心宁 / 李墨君 / 林敏

1.5 功能演变

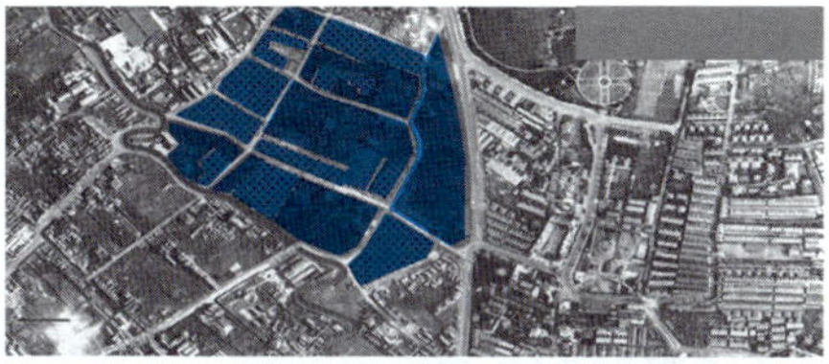

1948

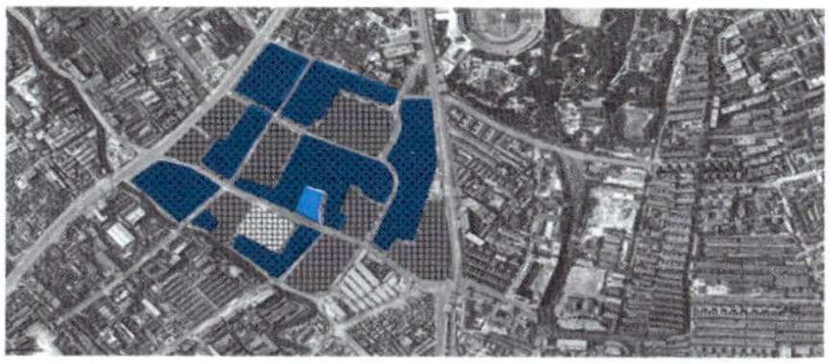

1979

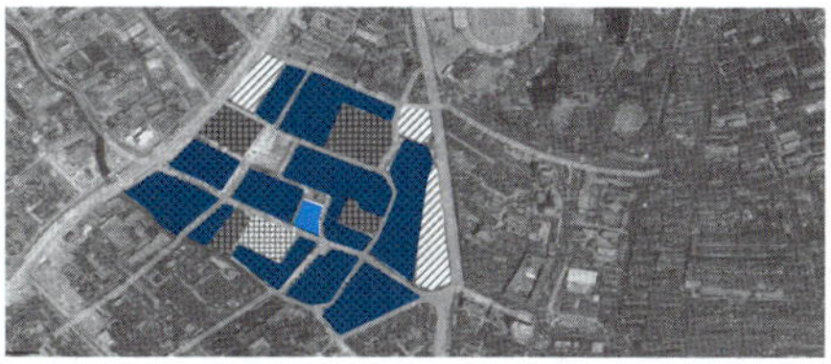

1994

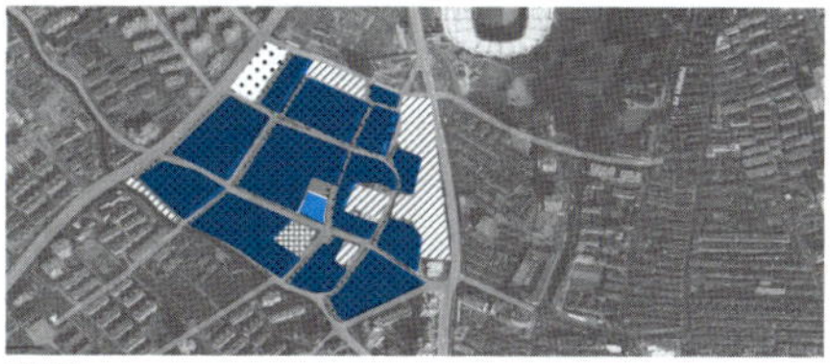

2006

绿化 住宅 工厂 商业 学校 医院 办公

1.6 菜场历史研究

1892 年修建的“虹口 / 三角地菜场”是第一个现代性综合类室内菜市场。

中广菜市场前身为上海消防水带厂，始建于 1951 年，乃是市属工厂，于 2006 年左右因产业调整而拆除。

中广菜市场始建于 2007 年，建筑面积约为 2000 平方米。

基地位于虹口区西江湾路上，西邻同心路，东边为次要干道西江湾路，周围主要为多中低层住宅，商业贸易频繁。

三角地菜场旧况

A 小组调研——周边城市环境组

1.7 公共绿地演变

1948 年，基地地块存在大面积农田。随后农田逐渐被工厂建筑和高密度住宅区替代。再之后随着多层及高层住宅的出现，地块建筑密度逐渐降低。

1948

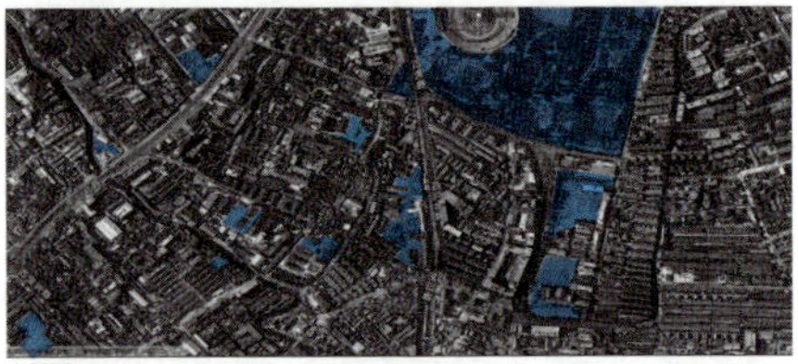
1979

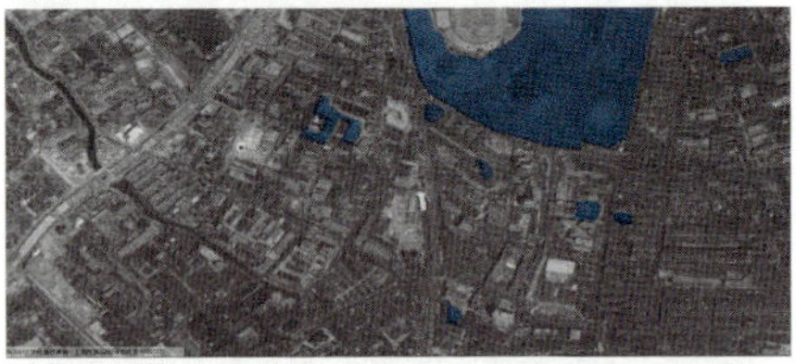
1994

2006

公共绿地

1.8 街道公共绿化分析

片状花坛使步行区域大大减少，增大了到达店面的距离，阻碍了一部分视线，使店面入口不清晰，降低了街道活跃度。

汪滢 / 邓希帆 / 华心宁 / 李墨君 / 林敏

2. 住宅区研究

2.1 住宅类型分析

基地周边的高层居住建筑大致有三种类型：点列式、围合式和行列式。多层和低层都只有行列式一种类型。高层、多层和低层分别对应三种容积率的开发强度。

A 小组调研——周边城市环境组

2.2 道路分析

< 1:4：宽高比较小，西江湾路段街道较昏暗。花园路段形成巨大的城市尺度，具有戏剧性，一定程度上符合其交通枢纽、体育中心的身份。

1:4-1:2：宽高比适中，行走舒适，生活气息浓厚，主要是 20 世纪七八十年代的小高层住宅。

> 1:2：宽高比接近 1:1，街道采光充足，令人感到十分舒适。有大量平价餐饮业和日常商业。局部人行道较窄，且非机动车车位占用较多空间。

2.3 人流量统计

虹口足球场地铁站周边人流量最大。一是因为此处为重要交通枢纽；二是此处拥有商业综合体；三是界面尺度巨大，停留感差。

其次是天通庵路、宝山路、东江湾路交汇处人流量较大。此处有银行、医院等设施，底层商业较多。

西江湾路的菜场段人流量大，周边住宅较多。

同心路上精神卫生中心某些时段人流量较大，多伦路同心小学放学时间段尤为明显。

汪滢 / 邓希帆 / 华心宁 / 李墨君 / 林敏

2.4 街道尺度分析

越宽敞，公共性越强。

不合理的公共绿化有可能减弱适宜尺度带来的舒适感。

住宅小区通过镂空的围栏使街道压迫感减小，同时限定了私密和公共区域。

两侧都是高层的街道，压迫感较强，也使街道有一定的私密性。

1. 较弱的空间感（宽高比 约为 4:1）

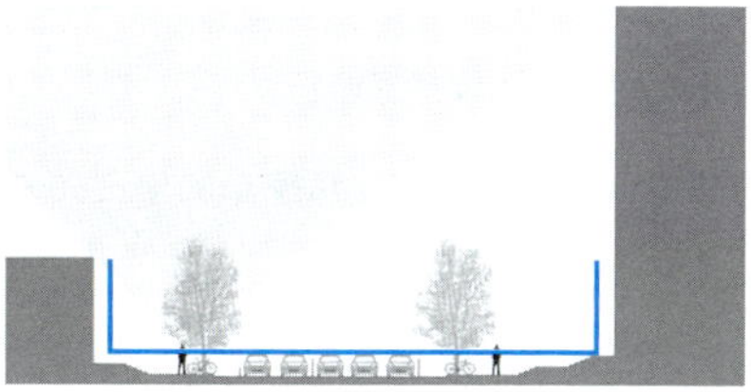

2. 较为舒适的步行尺度（宽高比 约为 2:1）

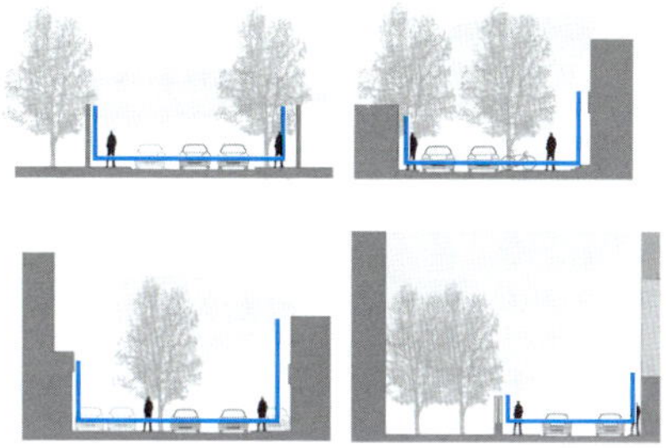

3. 较强的限定感（宽高比 小于 1:1）

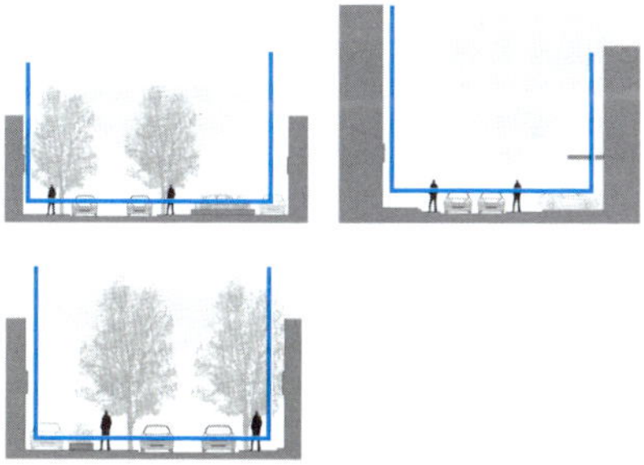

A 小组调研——周边城市环境组

2.5 街道性质分析

两侧均为沿街商铺

整体来说尺度比较适宜步行。

有些道路因为外卖车、私家车的侵占失去了原来舒适的尺度感。

有些道路因为公共绿化花坛不合理的设置失去了原来舒适的尺度感。

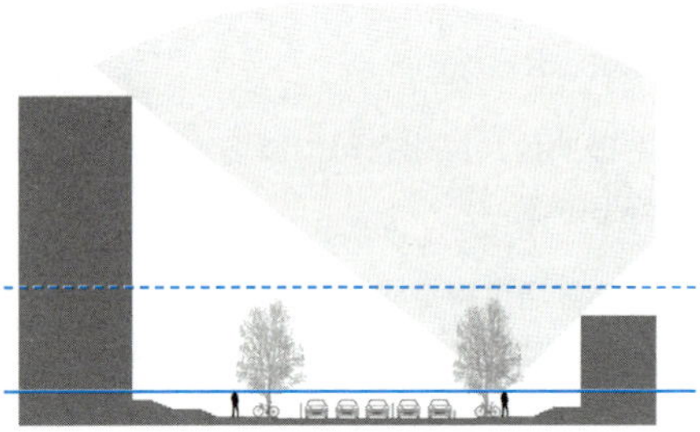

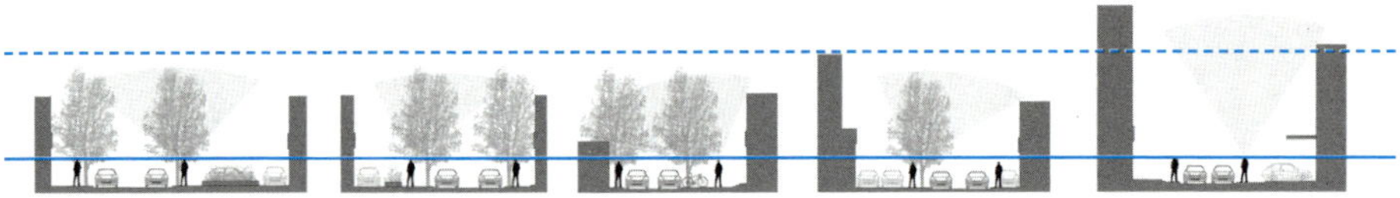

两侧均为住宅小区

这类道路相对来说限定感比较强，低矮或镂空的围墙能降低压迫感。

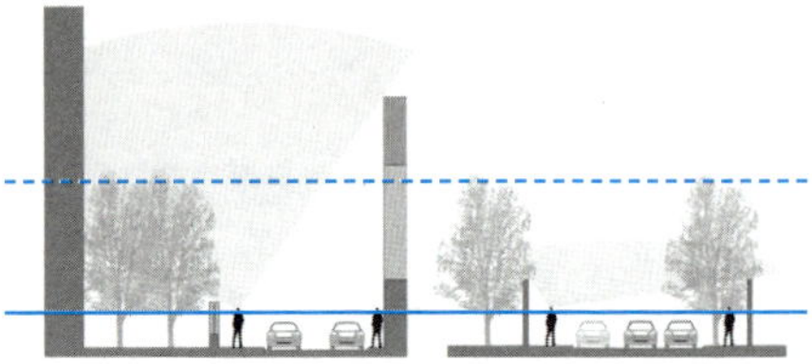

汪滢 / 邓希帆 / 华心宁 / 李墨君 / 林敏

3. 商业服务半径与客户定位分析

3.1 商业商务办公

地区级商务综合体，肌理尺度大。

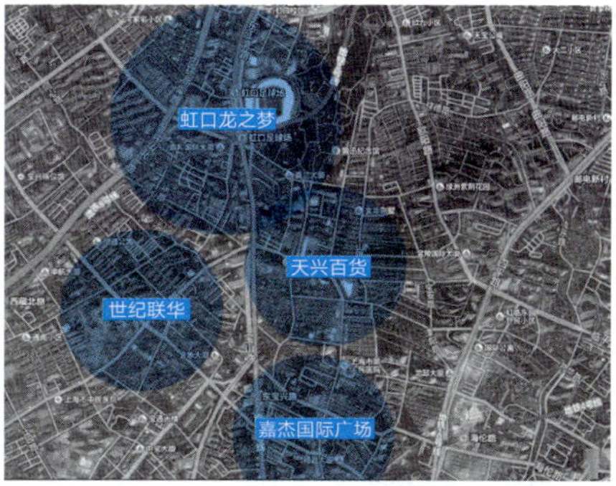

3.2 菜场与超市

基本沿着交通要道分布。

菜市场临近居民区。

高端超市分布在比较繁华的交通要道和高端住宅区附近。

1. 崇明生态市场

水果超市
肉类

2. 天通庵路菜场

水果超市　豆制品
肉类　水产
速冻　粮油南北货
熟食
奶制品

3. 世纪联华超市

水果超市　豆制品
肉类　水产
速冻　粮油南北货
熟食
奶制品

4. 绿地全球中心

各类进口商品

5. 永辉会员体验

各类进口商品

A 小组调研——周边城市环境组

图 1 西江湾路与花园路交叉口，可见虹口主球场、龙之梦商业综合体
图 2 西江湾路街道景观

图 1

图 2

汪滢 / 邓希帆 / 华心宁 / 李墨君 / 林敏

Z | 张斌：历史分析这块做得蛮好，把地区的变迁和重要线索做了梳理，有助于理解这块基地为什么变成现在的样子。其他组同学可以好好看看，对大家做后面的设计有帮助。后面住宅区这一块缺少具体案例支撑，内容显得有些泛泛。菜场这部分缺乏一个整体的关系，三角地菜场这个案例很好，在上海是个非常有代表性的、租界之后的现代化的菜场，和城市的摩登生活关系密切，但你们只是将一篇现成的文章[1]做了摘录，没有更多关联性的思考，这一点比较可惜。

W | 王方戟：这个资料对理解场地有很多帮助，其他组同学也要看一下。在分析租界时期的地图时，你们会发现当时城市的骨架跟现在的不太一样，应该进一步去理解这块地区和当时整体骨架的关系，和今天相比有什么变化。比如铁路，之所以现在还能作为交通干线，是因为大型公共设施决定了城市发展的关系。当你读到当时大脉络与现在的相似和不同时，要静下心来，把历史资料有序地和今天产生关联。还有一点，历史资料如果有观点，要思考这些观点对不对。中国有些学者用词并不是很准确，如果还是重复这个词的话并不总是有效的。将来对待你们的项目也要这样，假如你很笼统地理解资料，那资料就仅仅是在表面上，但如果你有一个观察点，把很多资料稍加梳理贯穿起来，得到非常好的反馈之后，再进入项目就会有一个完全不同的状态。不要急于得出一个结论，或者急于搬用别人的结论。

Z | 庄慎：同学们这次的汇报比上次好很多，但是有一个问题，你们在研究了历史、菜场、住宅之后，对这个区域有什么结论性的描述？我发现大家对资料的罗列和类比的目的性并不是很明确。研究的层次展开了，最后要引向明确的总结，这一点需要在以后的研究中加强。此外，要有一定的目的和方法。比如说，这块基地并不处于城市中心位置，更多的是作为周围居住的配套设施。拿三角地菜场来类比，是因为这两者扮演的角色方面有相似的地方吗？也许应该选择同样是生活配套设施的案例，例如有超市、商场、家具店、城市酒店等，这些同样是在原有建筑的基础上进行了改造，类型上虽然不同，但是性质上都是周围居住的配套，都跟城市发展的遗留有关系。总之，调研还是应该导向一些对比总结。

注释：

1. 王明辉，姚宗强主编；上海市虹口区志编纂委员会编 . 虹口区志 [M]. 1999

B 小组调研——菜场组

1. 历史变化概述

消防水带制造厂时期（1960s—1990s）

厂房屋顶成锯齿形，南向坡顶，北侧开高窗。其形成原因为避免阳光直射，且优于通风，高窗能起到拔风效果。侧面开高窗，室内采光柔和，氛围缓和；如果上坡顶开窗，室内采光充足，气氛活泼欢快，但强日照辐射会让使用者感觉不适，并增加能耗。

马路菜场时期（1990s—2006）

1990 年代末由于国企改革浪潮，原来的上海市消防水带厂改制，不久由于规划政策等原因搬迁至崇明岛，改名为上海鲸鱼消防水带有限公司。然而在其老厂区附近，由于住宅的兴建，菜市场需求增加，于是许多商贩聚集于西江湾路附近，形成马路菜场，也就是如今中广菜市场的雏形。

标准化菜市场改造（2006—）

“1999 年，根据上海市菜场建设要求，虹口区完成马路菜场入室工作。2005 年至 2007 年，根据上海市实事工程要求，区投入资金 3800 万元，用于建设标准化菜场。2007 年，虹口区共建成标准化菜场 38 家，实现规划菜场‘全覆盖’。”（摘自上海地方志办公室资料）

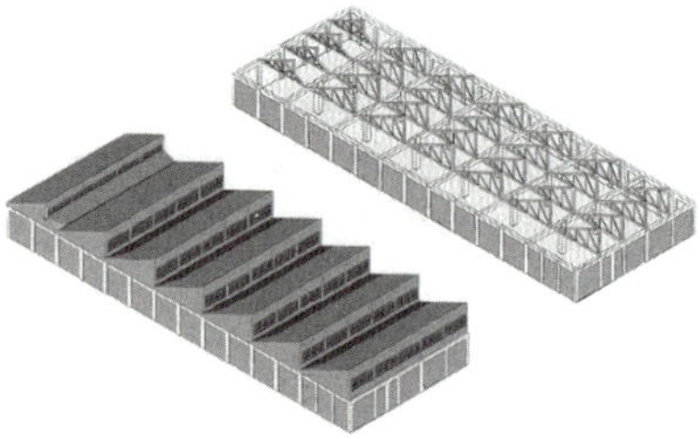

菜场结构轴测图

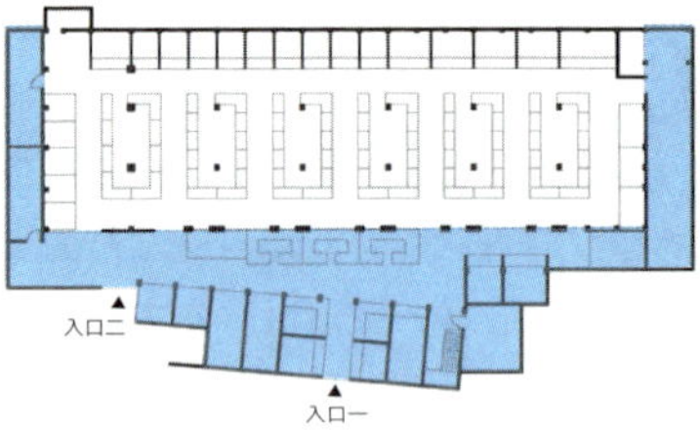

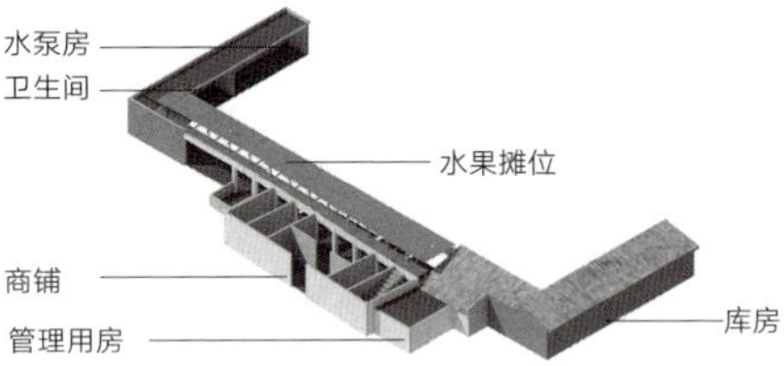

菜场加建部分

2. 摊位调研

摊位分布适应于原有建筑空间。建筑内柱距 6 米，肉类店铺一跨分成三间，每间 2 米。河鲜类店铺一跨分为两间，每间 3 米，因其需要较长的展示空间。而中间的菜摊围绕柱子形成岛状摊位，保证了公共空间的畅通。

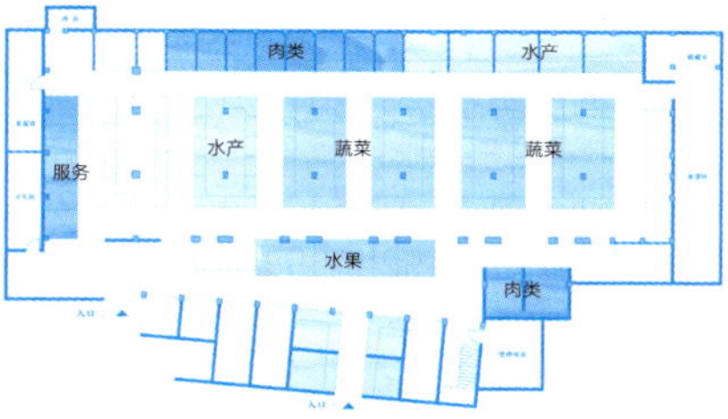

菜场摊位平面图

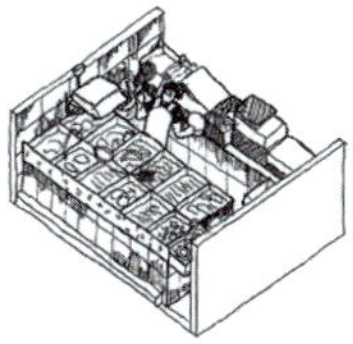

河鲜摊位

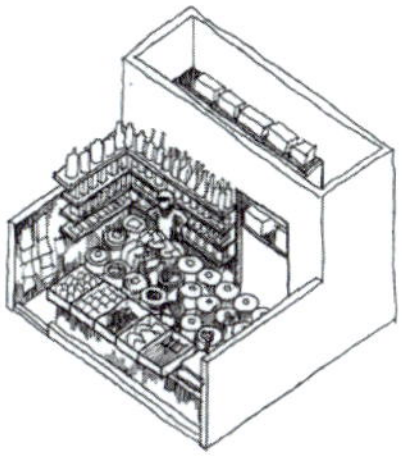

杂货摊位

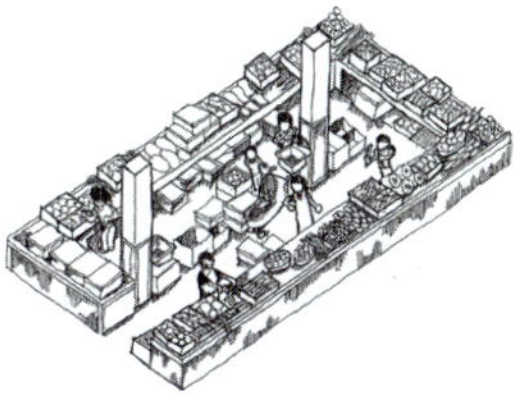

岛状分布——海鲜摊位

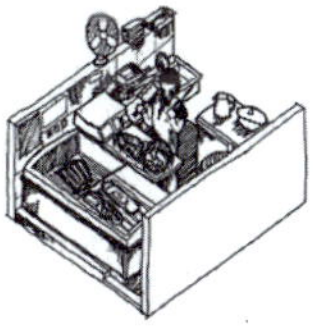

肉类摊位

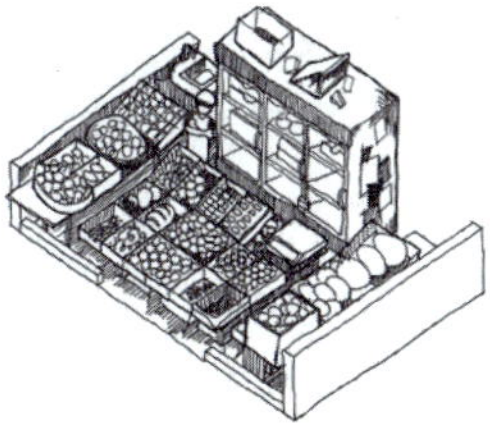

水果摊位

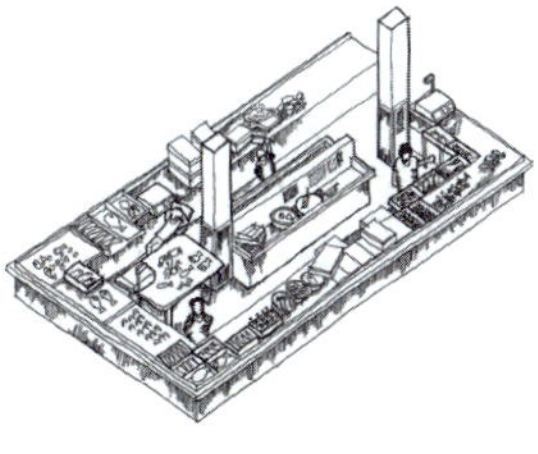

岛状分布——蔬菜摊位

B 小组调研——菜场组

不同的区域、不同的需求，导致了不同的交通量。均质的交通空间是否合理？为什么会出现客流不均的情况？

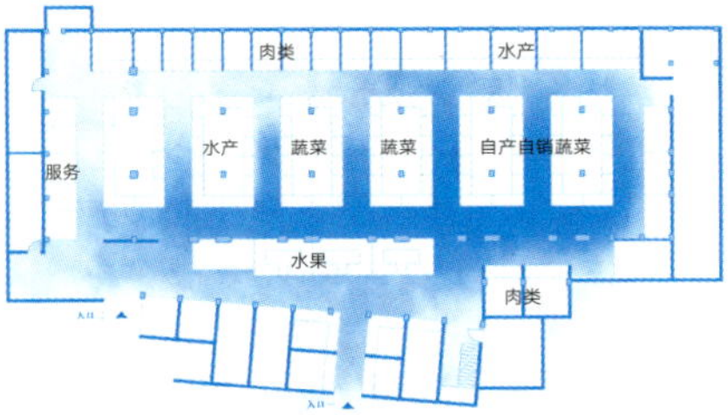

摊位客流量分析

高峰期：上午 8 时　人流量 148 人 /10min
低峰期：中午 12 时 人流量 78 人 /10min
自产自销蔬菜摊位，人流量最多。

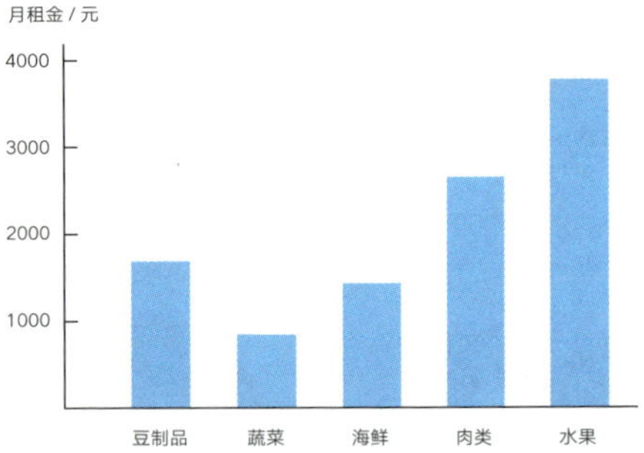

摊位租金直方图

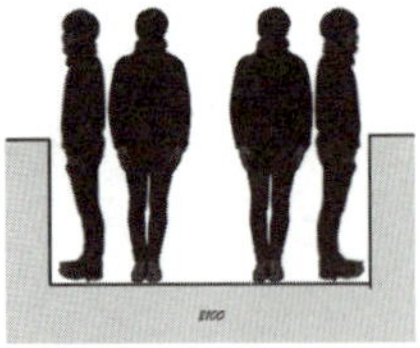

通道宽度 2.1 米，满足两人买菜、两人并行。

基地周边水果店分布较多，导致菜场内水果摊位客流量较少

白一江 / 李墨君 / 罗西若 / 杨天周 / 张浩瑞

3 . 关于现状空间及设施分析

中间摊位设有公共吊扇，墙边摊位有私人电风扇通风。

海鲜、河鲜设有水池，肉类、河鲜有单独排水沟。摊位底部一圈设有明沟，每天清洁冲刷地面排走积水。

每一摊位均设有水龙头，各自计费。

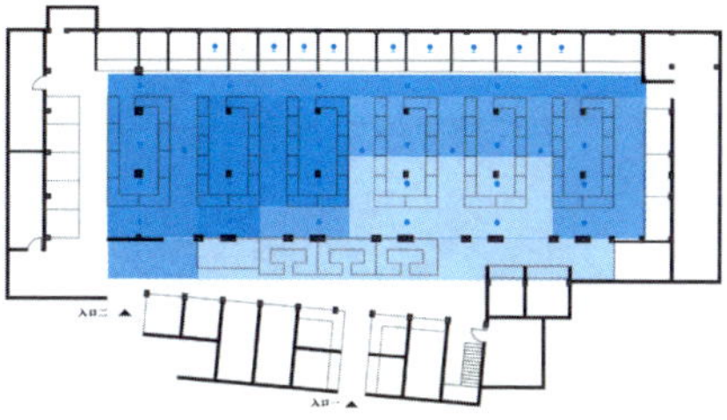

气味调查图

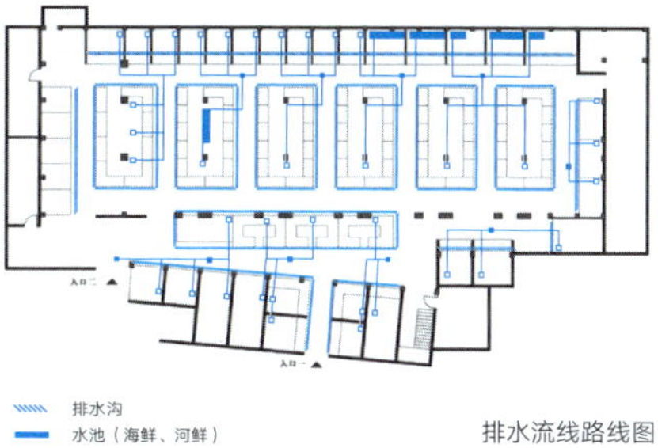

排水流线路线图

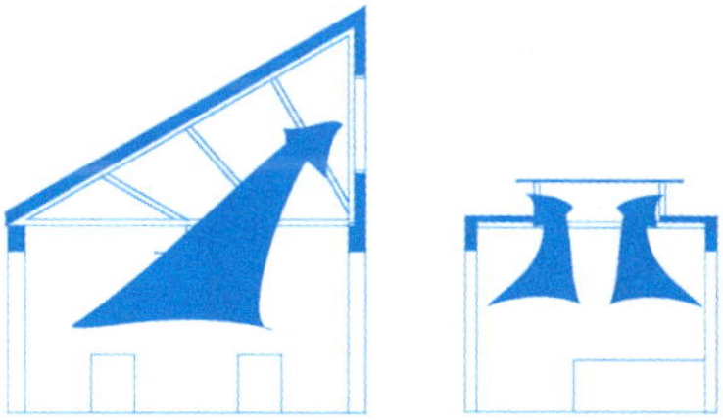

通风分析

垃圾清理路线图

B 小组调研——菜场组

图 1

图 2

图 1 水果摊位的采光
图 2 菜场内部结构和采光
图 3 小吃街是通往菜场的入口

白一江 / 李墨君 / 罗西若 / 杨天周 / 张浩瑞

W | 王方戟：大部分人不会为了空间趣味而单独做出某种决定，多是因为某种实际的用途，所以建筑师参与的设计在日常生活中不太常见。现场有很多空间很有意思：光线的转换、水果店的通风与光线，从地下室走上去会看到有腔调的里弄，等等，这些都不是刻意设计而出现的。因此我们要反思做设计时如何用种种需求去反推建筑的存在，而不是仅仅从建筑自身的逻辑去设计建筑。从这种角度去设计建筑，会让建筑变得简单。

Z | 张斌：这组同学对菜场资料的整理以及文件的还原可以让我们感受到菜场变化的整个过程，看了之后给人以启发，使人信服。

Z | 庄慎：这组同学有两点做得很好：一是对菜场具体摊位的呈现，从中可以发现空间不仅仅是由墙、柱等构件形成的，更是由各种丰富的物件所组成的。我们学建筑的，所有的物质都要一视同仁。日本舞台设计师妹尾河童，他做设计时会事无巨细地将所有东西都画出来，让人能深刻地感受到最终的空间。二是他们比较了超市与菜场的关系，有助于拓宽思维，虽然结论有点简单。

图 3

C 小组调研——白领公寓

1. 历史变化概述

2000 年，西江湾路 122 号和 126 号曾作为两个不同工厂存在，今白领公寓为消防水带厂改建。

2004 年，公寓部分和商铺部分之间的通道增加了顶棚，两个工厂开始统一规划考虑，小吃街通道形成。

2010 年厂房改建，2012 年基本完工。白领公寓 A 栋和 B 栋加建连接部分，因 A 栋、B 栋层高不同，连接部分有高差变化，形成梯段的复杂现状。商业部分、公寓部分形成公共空间，联系更加紧密。

2013 年，A 栋加建第三层作为菜场员工宿舍，C 栋住房基础设施改造基本完工。

白领公寓产权属于个人，土地性质是工业用地。

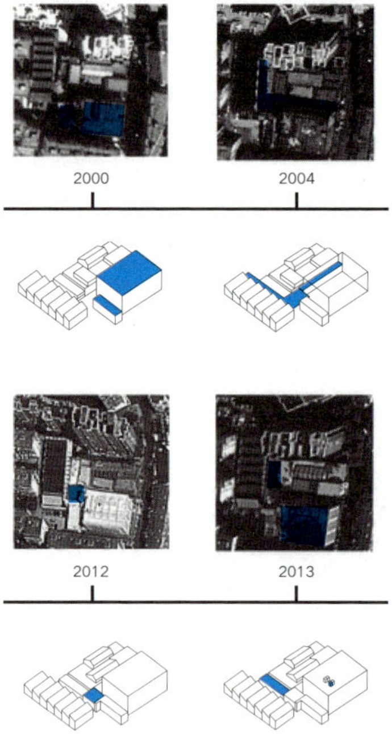

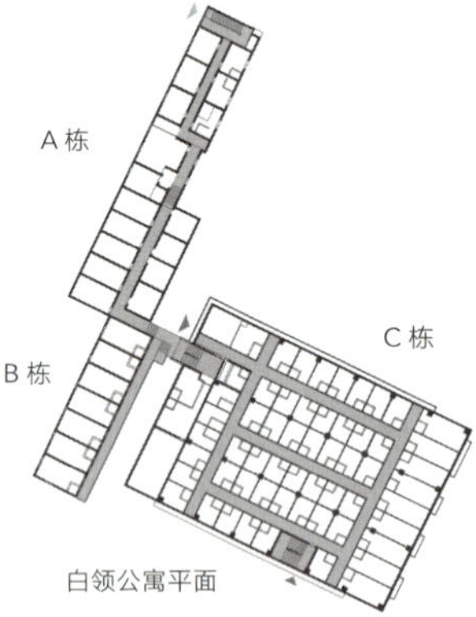

白领公寓平面

樊婕 / 王宣儒 / 叶子桐 / 华心宁 / 张雯珺

2. 基础设施（通风、消防、强弱电、空调）

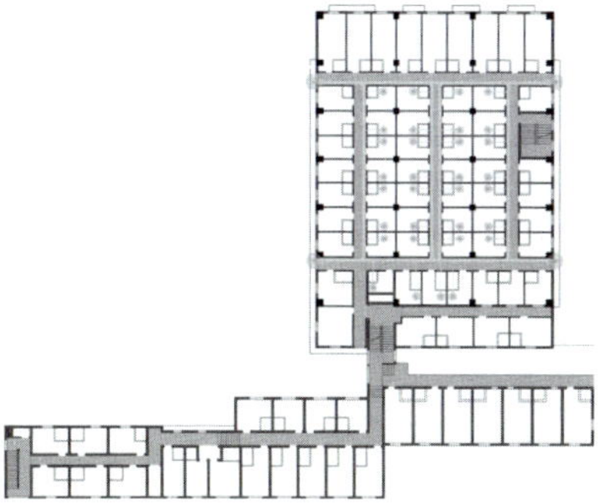

通风系统：

专门针对内部无窗房间而设计通风系统，同时每层在窗子附近设置四个总排气口。

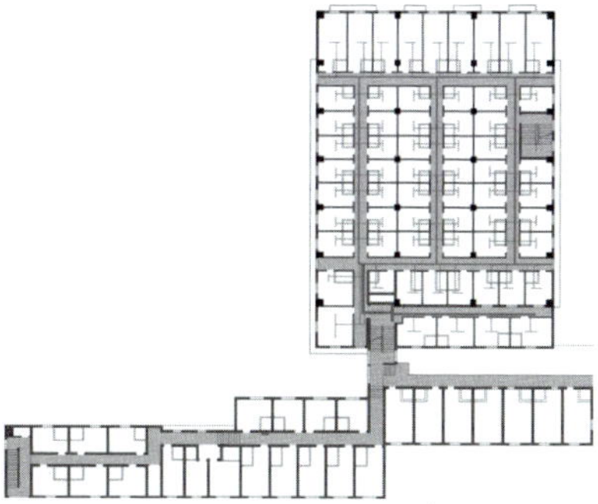

消防系统：

C 栋消防系统完善，设有一级二级三级消防管道；A 栋、B 栋则仅有一个消防箱。

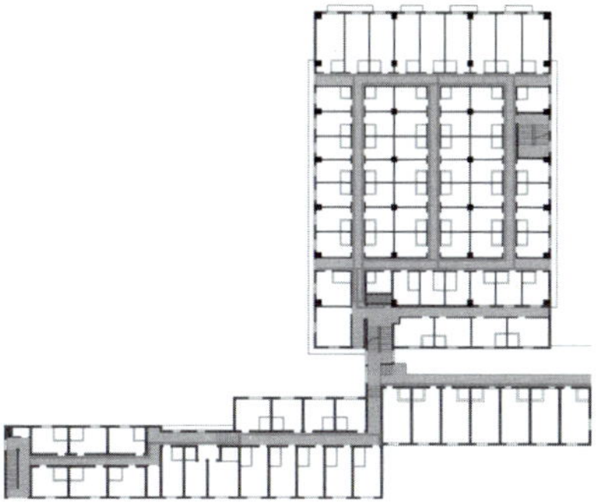

强弱电系统：

C 栋沿外侧与沿内侧双层布置；A 栋、B 栋单面走廊布置。

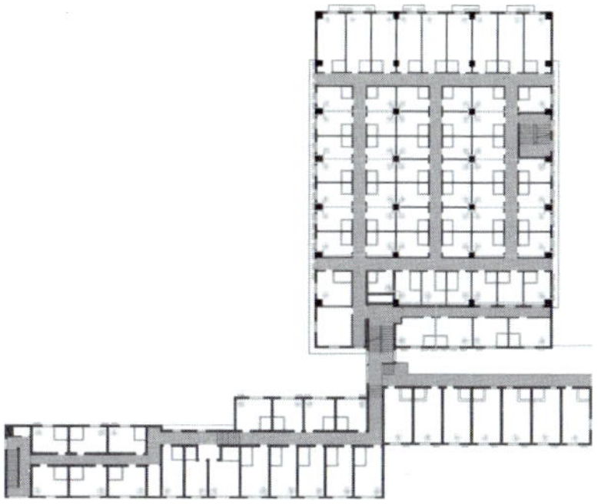

空调外机与管道布置：

空调外机均布置在建筑最外侧，内部无窗房间空调在两侧分别进行管道布置。

C 小组调研——白领公寓

3. 公寓系统

3.1 公共服务系统

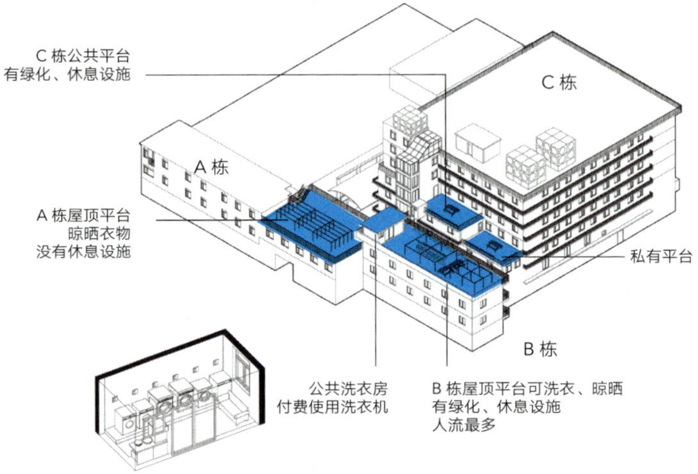

3.2 交通和疏散

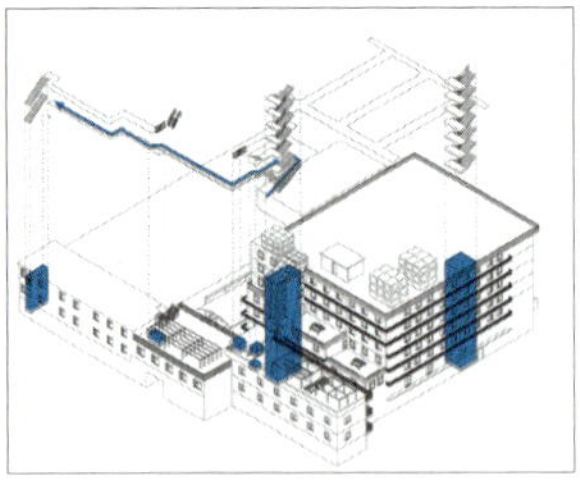

A 栋交通及疏散流线

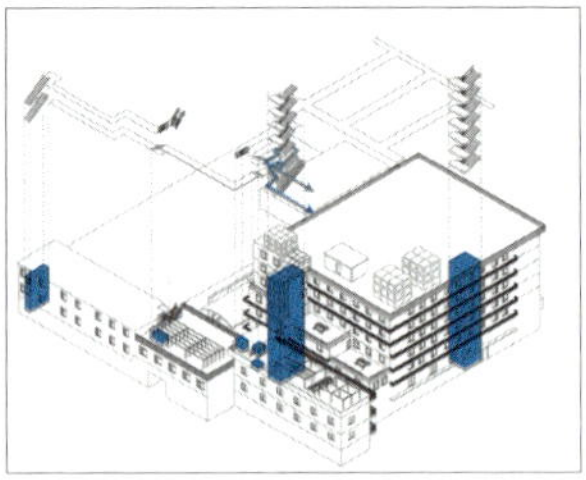

B 栋交通及疏散流线

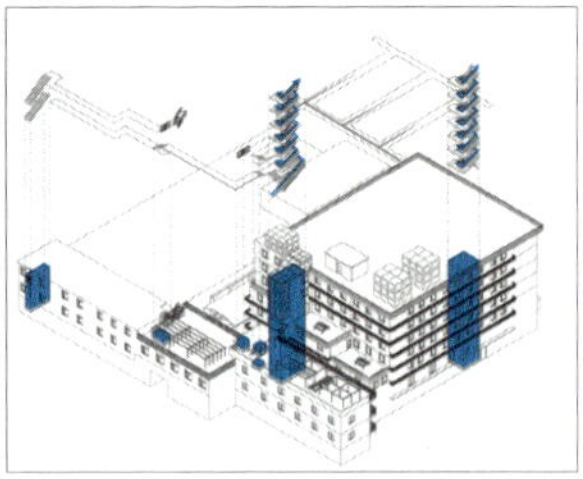

C 栋交通及疏散流线

4. 租户与户型

A 栋住户

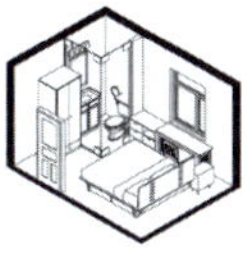

一家三口

月租金：2000 元
卫生空间小 / 有点潮湿

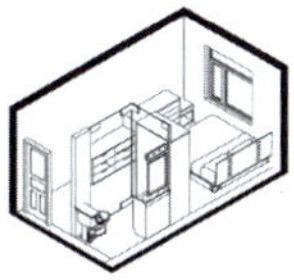

阿姨和三只猫

月租金：2300 元
隔音不是很好 / 不太安全

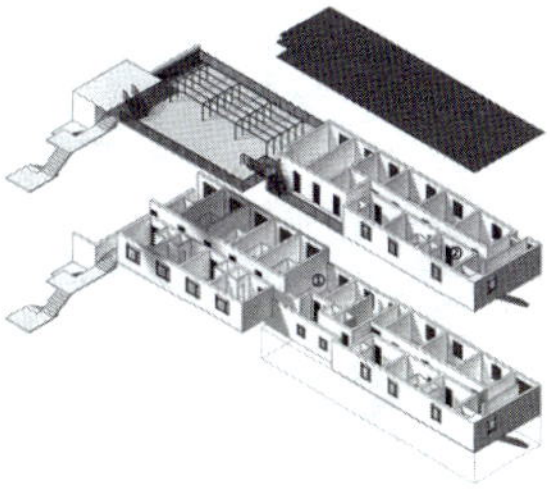

B 栋住户

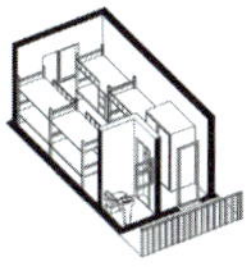

员工宿舍 A

月租金：公司支付
潮湿 / 隔音不错

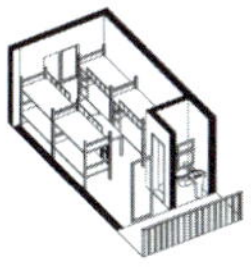

员工宿舍 B

月租金：200 元
隔音还好 / 晚上较安静

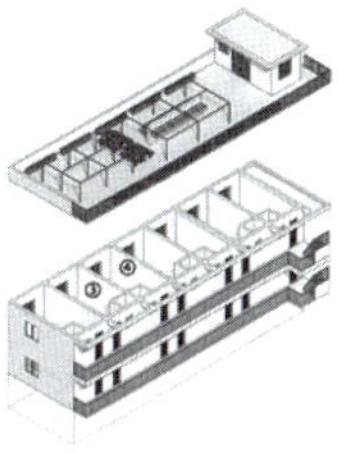

C 栋住户

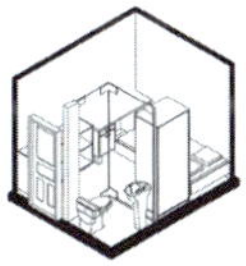

情侣

月租金：2000 元
无窗 / 隔音不好 / 闷

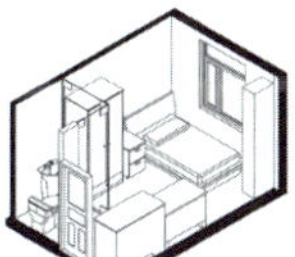

上班男

月租金：2550 元
有窗 / 挺安静 / 挺安全

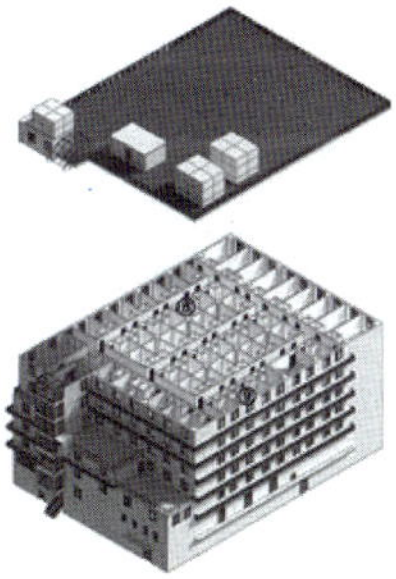

C 小组调研——白领公寓

5. 与同心白领公寓的对比分析

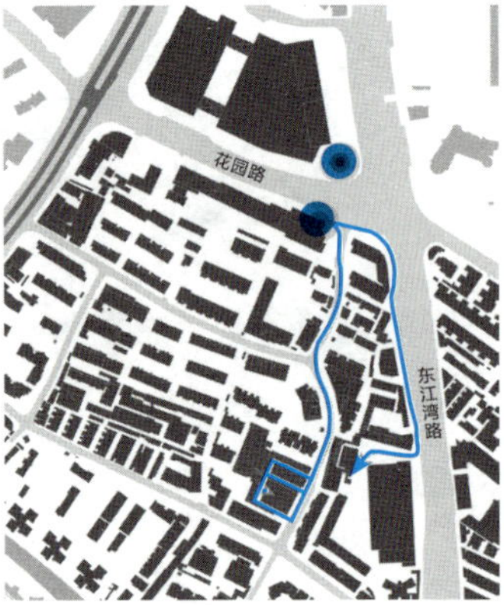

白领公寓

临近八号线
沿路商业较丰富
有窗（2400 元 / 月，10m^2；
2800~3000 元 / 月，15~17m^2）
无窗（1800 元 / 月）
公共厨房、洗衣房、晾晒设施齐全
卫生较好

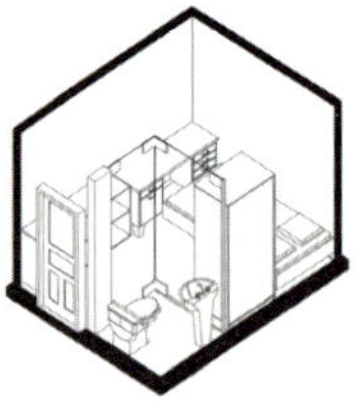

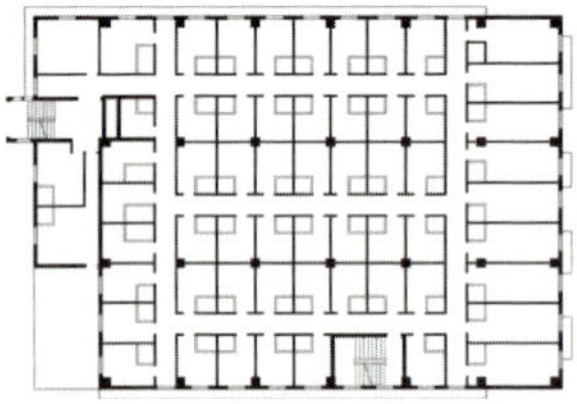

同心公寓

临近八号线
沿路较冷
外窗（2000+ 元 / 月）
内窗（1000+ 元 / 月）
复式（净高 3.6 米）
公共厨房、公共洗衣机、晾晒设施齐全；
无单独洗衣房，可在室内安装洗衣机；
卫生较差

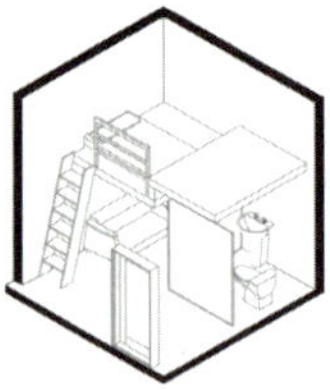

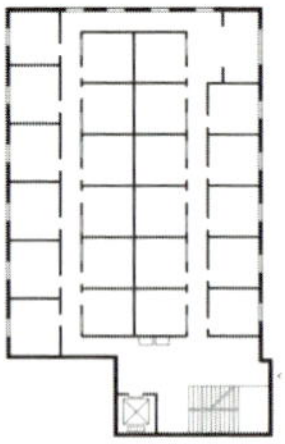

樊婕 / 王宣儒 / 叶子桐 / 华心宁 / 张雯珺

Z | 张斌：在整个地块中，公寓体积最大，占据主体。你们现在对公寓的变迁有了完整的推断，涉及的分项呈现也比较完整。但是我觉得缺乏具体的东西，有点抽象。比如你们挑了几个住户，进行了一些访谈，但是如果针对典型住户的情况进行展现，让人了解他们是怎么过日子的，并加入身体的感觉，可能更有意义一些。我们的任务书里都是小型的白领公寓，这部分的成果展现对大家将来做设计是非常有帮助的。现在这个图有点机械，好像不是把人当成活物来呈现的。

做设计不只是形式操作，设计背后有复杂的、真实的社会关系。从这点出发，我建议你们小组工作在涉及小尺度空间的时候，不妨了解一下人家的生活。有可能就是杂乱无章的，但这种情况既然是真实存在的，就不能以好不好玩来衡量，要怀着平等心去看待。

Z | 庄慎：这个小组的课题隐含了后面可能会遇到的大部分问题。比如之后课程设计里的白领公寓面积也是这样小，容积率比这个会低一些，那在一个小小的居住单元里怎么考虑通风呢，通过这次调研会有直观的感性认识。一个人住或是两个人住，他们需要哪些基本的东西？像这样小的居住单元，可以找很多资料去对比，形成一个小小的专题，也有助于之后做设计，大家需要用心些。

Z | 张斌：补充一下，这样的白领公寓有很多问题，有很多将就的地方。但我们的城市需要这样的空间，因此催生了这样的空间。我们需要了解这样的白领公寓到底存在什么问题，哪些问题是一定要改善的。希望能通过你们的成果启发大家一起去思考这个问题。其他组的同学，也要思考自己小组的成果对于整个班同学做设计有什么贡献。建筑学除了造房子，还要生产知识。通过调研，将设计和具体的现实问题挂钩，既做出空间的设计，又为大家思考这个问题提供支撑。

D 小组调研——商业餐饮超市

1. 城市与建筑研究

小菜场是在多年的历史变迁中加建出来，最后形成了商业、住宅的综合体。目前一楼为室内商业区，二楼暂时空置。各个建筑彼此分离，但通过加建的顶棚联系起来，不同时期的顶棚各不相同。

通过对周边城市商业业态分析，可以看出西江湾路在中广小吃街附近店铺分布更为集中，菜场周边果蔬店铺也相对集中，其他地方的店铺呈零星分布状。整个沿街店铺呈带状分布，而在小吃街形成商业组团，原因可能在于：临近小吃街的原厂房搬迁，改造为白领公寓，增加了人气；小吃街及对面老式住宅的底层均改为商铺，商业氛围浓厚。组团式的小吃街和菜场对周边居民生活的影响较大，区别于西江湾路北侧的龙之梦商业综合体的另一种集中式商业中心。

小吃街在三年前进行了一次改建，增加了一个假立面，形成布景式的街道，主要目的在于改良小吃街的外观，招揽顾客。小吃街还是通往菜场的必经之路，因此强化了室外的设计，抬高顶棚，路面与主干道统一。但贴于墙面上的“历史面具”有些弄巧成拙，既没有带来实际的商业效益，也没有改善使用。现今，小吃街为一家公司管理，统一分包给租户，街道的改造由物业负责。

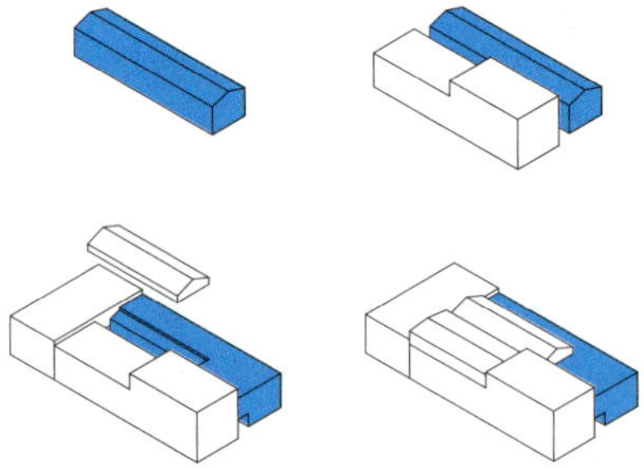

建筑体量演变：
坡屋顶厂房——增加平屋顶房屋——工厂撤离，
两边加上过街楼和顶棚形成整体

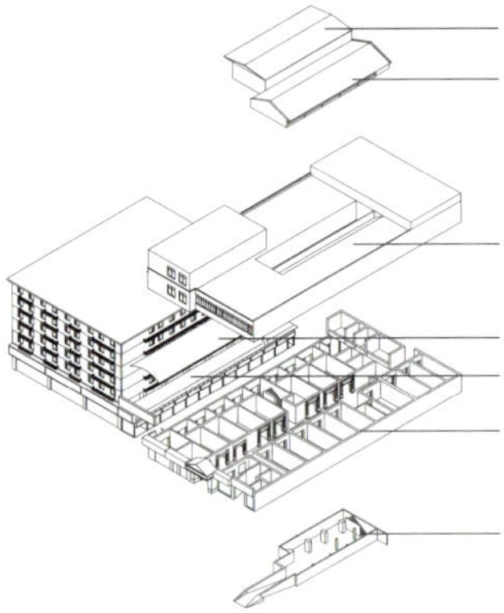

建筑轴测分解图

李云宏 / 陈琨 / 房玥 / 黄于青 / 刘斯腾

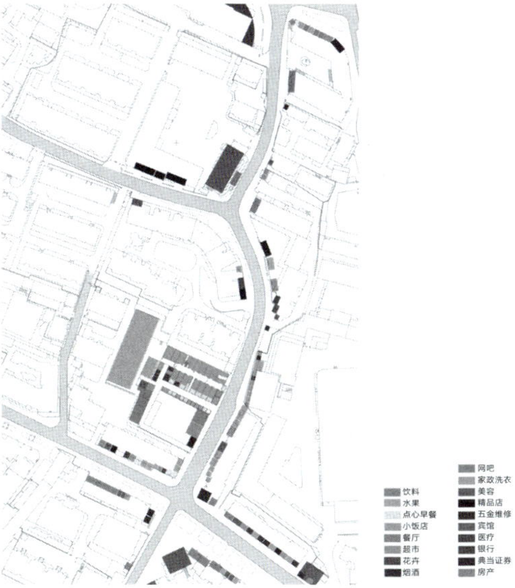

城市周边商业业态

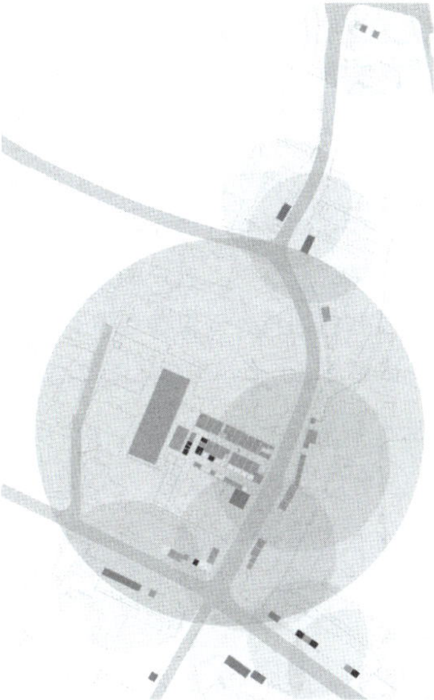

组团式商业的影响力

周边建筑对集团形成的影响

D 小组调研——商业餐饮超市

2. 典型店铺研究

小吃街店铺大致可以分为堂吃、外带，以及二者兼顾。

通过操作空间对比可以看到，制作空间越复杂，需要的操作间面积越大，骨头饭店几乎整个店面都被用作操作间。依靠外卖提高店铺效率、拥有更多客户的商家有能力租赁较好位置的店铺，而馄饨店位置本身不佳还只能依靠堂吃，所以生意更加惨淡。

另外对两家沿街店铺进行了研究：一家是连锁快餐店，店面非常大，堂吃空间充足；另外一家是大型超市。两家共同点：都是规模大的品牌连锁店，有一定品牌效应可以吸引顾客。

结论：不同的业态适应了不同的空间，小吃店在同样尺度的店面里都能找到适合自己生存的经营方式。不同的空间又服务于不同的业态，超市和大快餐店利用更大的空间来满足自己更高级的商业模式。

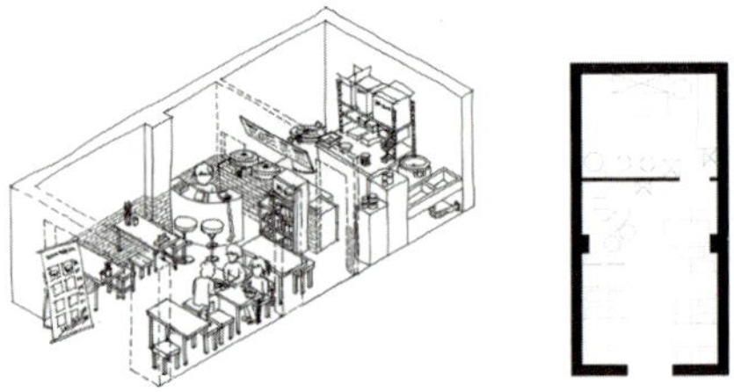

位于小吃街最里端的馄饨店，只做堂吃，生意萧条。店内设有很多座位，工作人员少。

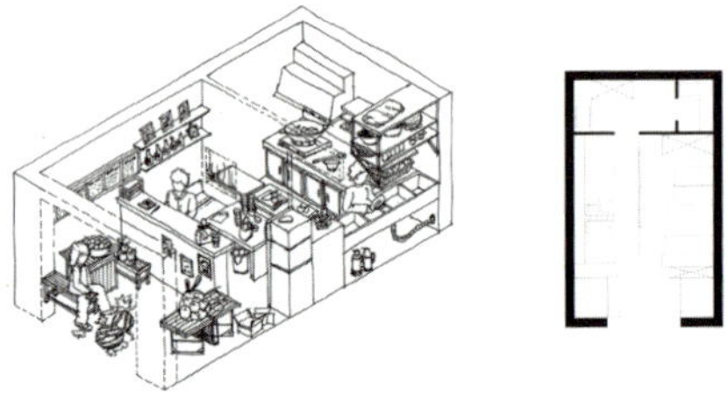

稍微靠外一点的沙拉店，堂食与外卖结合，生意不错。内部空间堆放过多杂物，狭窄拥挤，一家店有三四个工作人员。

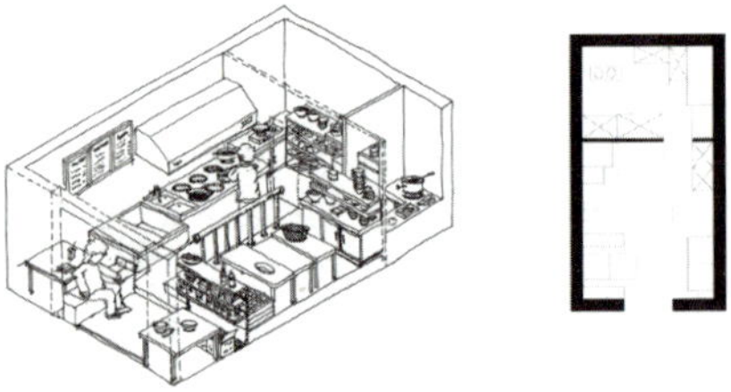

最靠外一家骨头饭店，只做外卖，有五个以上工作人员，另有送餐小哥，生意火爆。

李云宏 / 陈琨 / 房玥 / 黄于青 / 刘斯腾

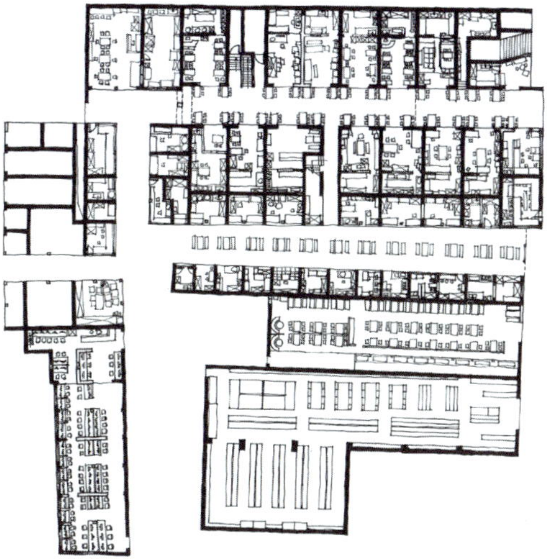

商业餐饮平面图

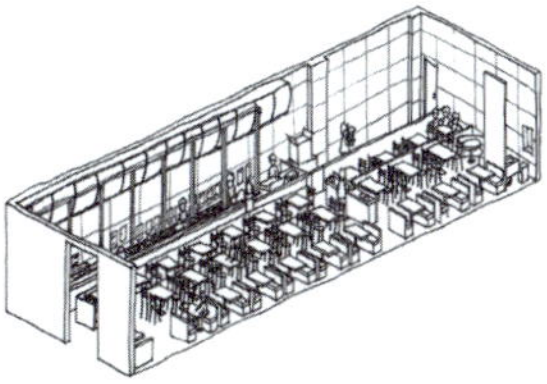

连锁快餐店，堂食空间充足

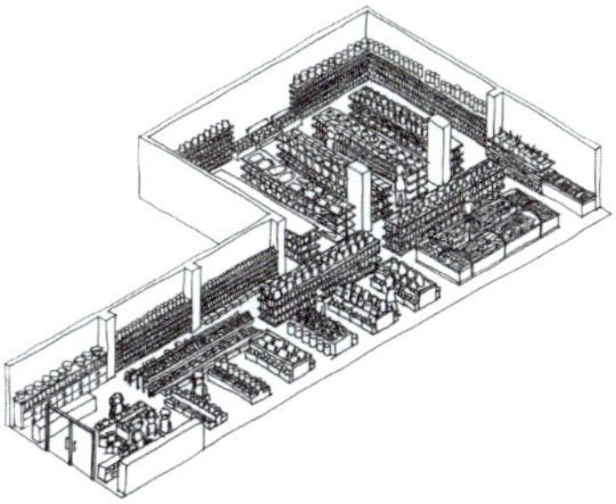

连锁大型超市

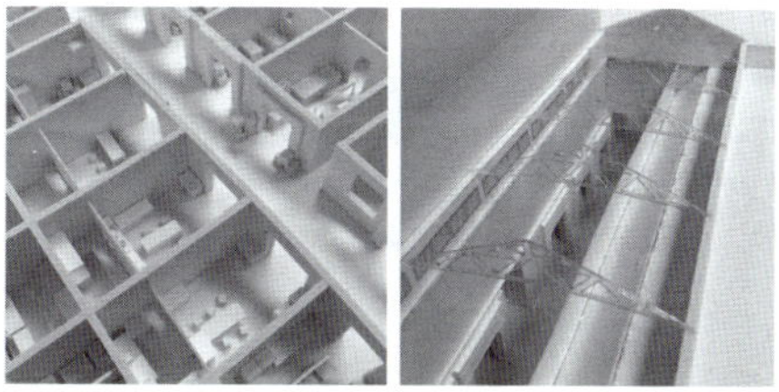

小组商业餐饮模型

D 小组调研——商业餐饮超市

图 1　小吃街逐渐萧条，成为菜场通道
图 2　后勤通道也是公寓入口
图 3　市场潮汐，早餐店生意火爆
图 4　货运流线和人流互相干扰
图 5　货运、垃圾流线和人流互相干扰
图 6　外卖市场侵占传统市场

图 1

图 2

图 3

图 4

图 5

图 6

李云宏 / 陈琨 / 房玥 / 黄于青 / 刘斯腾

Z | 庄慎：制作的图纸非常好，细节的记录增加了阅读趣味，可以看到很多空间的不同用法，商业空间的利用是非常高效的。最开始调研的时候大家倾向于单纯从空间去评价好坏，这是建立在原有的空间知识基础上的；调研之后发现这些复杂的现状是由其背后更多因素造成的，这样对菜场就有了更加全面的认识，不再简单地从单方面评价某个空间的大小、舒适度，而是有了更加深入的理解，懂得去发现背后的需求和规律。

W | 王方戟：真正要去调研什么？首先一点，也是经常被忽略的一点，就是建筑的基本结构，譬如为什么会新建顶棚，可能原因就在于建筑结构。对于建筑师来说首先要去看基本结构，才能理解整个系统，对于改造和加建的逻辑才能有更好的理解。我们需要有这种观察和设计的意识。其次就是时间上的观察，不同时间所形成的空间感知。有时候时间产生的感知不仅仅是因为怀旧，更重要的是不同时间下产生的空间意义。另外就是关于空间与政治的博弈，譬如餐饮空间的充分使用以及厂房废弃后的改造都是属于空间权属变化所带来的空间变化，这些问题从单纯的空间本体角度是无法思考的。如果只是从美丑的角度去思考这个问题，并不是一个合格的建筑师的思维。

张斌老师提到历史组缺一张图，那张图划定了地权线的范围，这根线影响了空间格局，因为所有的操作都只能在这个权属范围内完成，所以这是非常重要的。另外，要把人的身体和具体空间尺寸的关系，以及具体尺度和功能的体验和理解，逐渐运用到设计中去。最后，体验也是很重要的，譬如白领公寓的平台很舒服，但这种体验并不是建筑师刻意设计出来的，可能是由于时间、堆叠以及供应要求等原因而来的，这种空间不是通过简单去设计一个漂亮的平台能达到的。这个问题值得你们年轻的建筑师去做，一直沉浸在纯本体的建筑设计中，并不是一件好事情。

E 小组调研——其他公共空间组

1. 建筑外部和建筑内部的公共空间

1.1 建筑外部公共空间

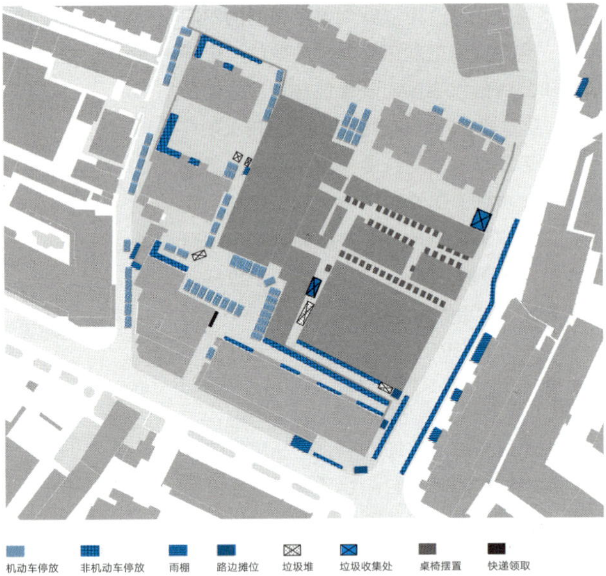

白一江 / 李墨君 / 罗西若 / 杨天周 / 张浩瑞

城市到社区综合体的转换点：白领公寓入口、菜场入口、小吃街入口

1.2 建筑内部公共空间：公共交通空间、辅助空间和难以利用的夹缝空间

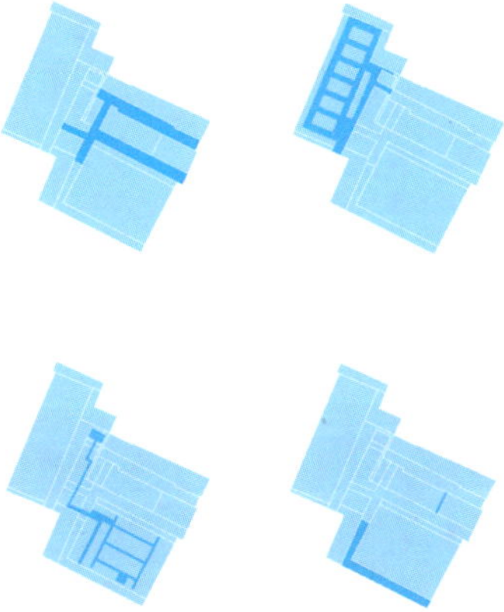

公共交通空间：小吃街、菜场、公寓、通道

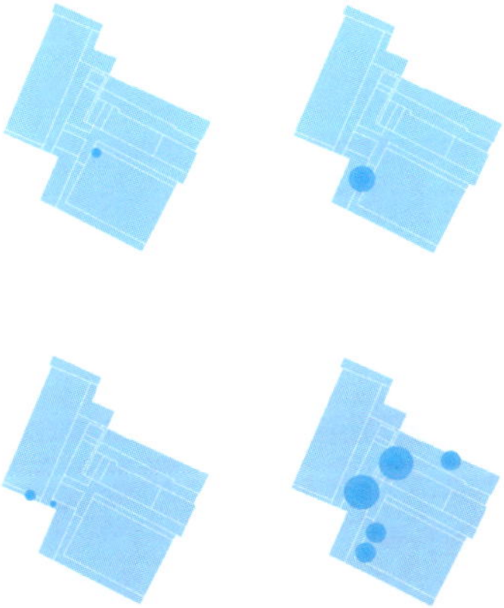

公共辅助空间：厨房、垃圾存放、厕所、平台

E 小组调研——其他公共空间组

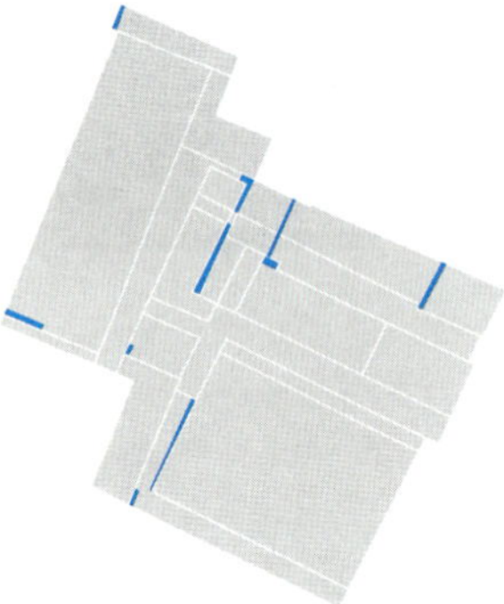

难以利用的夹缝空间

2. 被侵占的富余空间——主交通空间演化

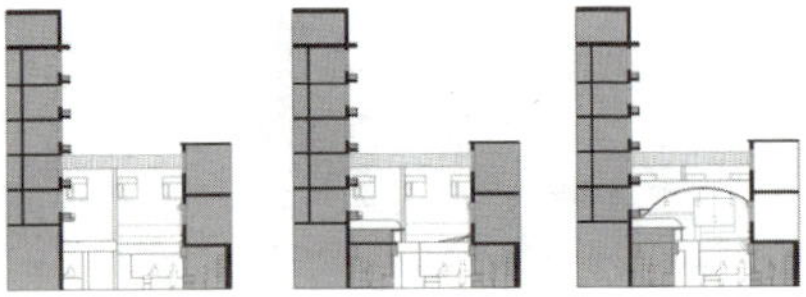

南侧小吃街演化：

最开始两边是厂房，没有雨棚，一侧有商铺；
一段时间后，一侧搭建了钢结构的商铺，另一侧的商铺会伸出一些雨棚，中间通道布置了桌椅；
中间通道上方加设顶棚，并增加了一些显示屏指引菜场入口，中间仍布置桌椅。

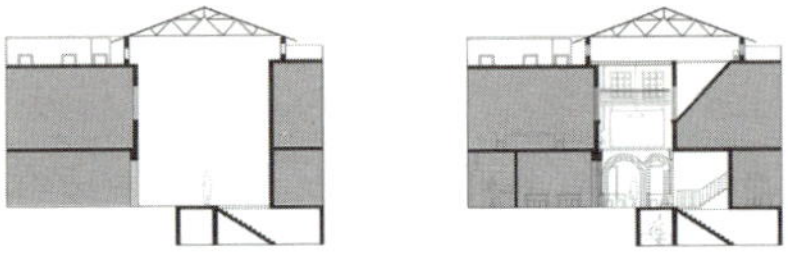

北侧小吃街演化：

右侧建筑原是坡屋顶厂房，后来加建了两个短边的过街楼，最后加建钢屋架；
两三年前小吃街增加了仿古的立面。

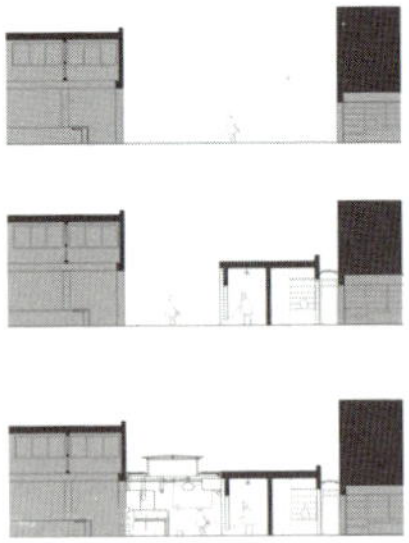

菜场短街演化：

最初两个厂房中间只有街道，后来出现了一层的建筑物；
再后来通道打通，在中间搭建了钢结构顶棚，内部和菜场连接起来。

3. 缺乏的代偿——自发的垃圾堆积

垃圾收集点是居民切实需要但现状比较缺乏的设施，从而导致居民将垃圾临时、随意地堆放在公共领域，造成环境恶化，极大地影响生活居住环境。

小吃街入口北侧的垃圾房

4. 便利性的博弈——公寓入口的分析

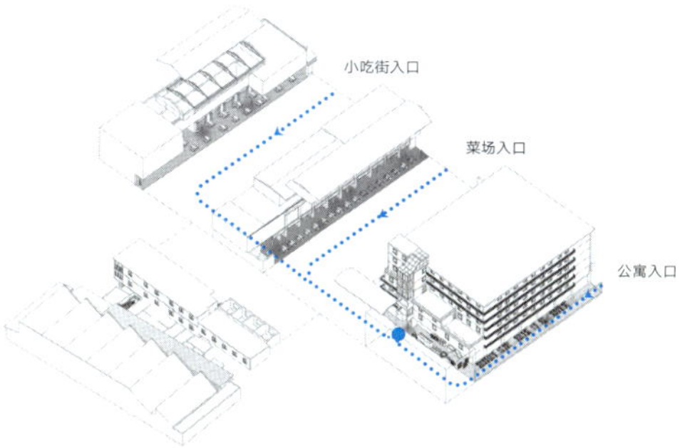

三条通道活跃度对比：菜场入口 > 小吃街入口 > 公寓入口

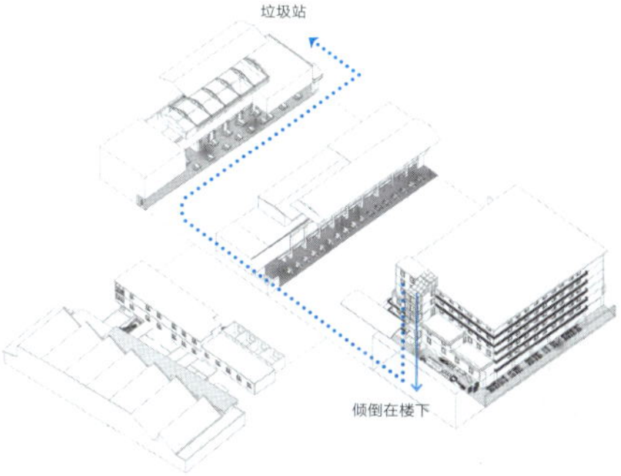

白领公寓倒垃圾方式（前后）：堆放在楼下 / 放到垃圾站

E 小组调研——其他公共空间组

5. 综合体不同区域的转换点

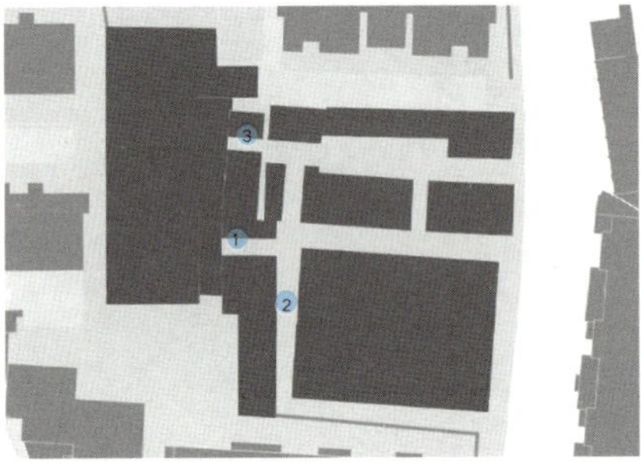

场景转换 2：洞口式

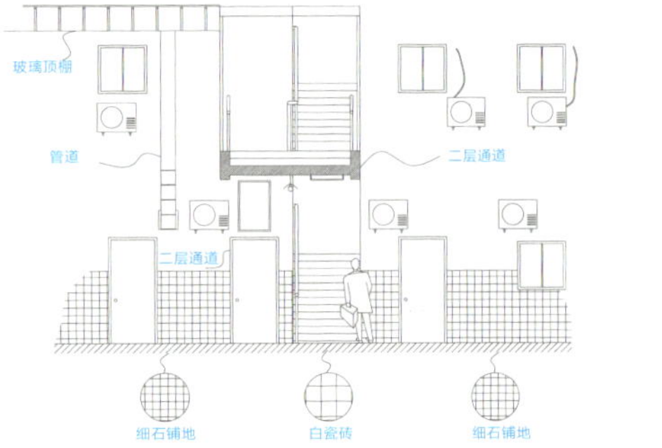

场景转换 1：渐变式

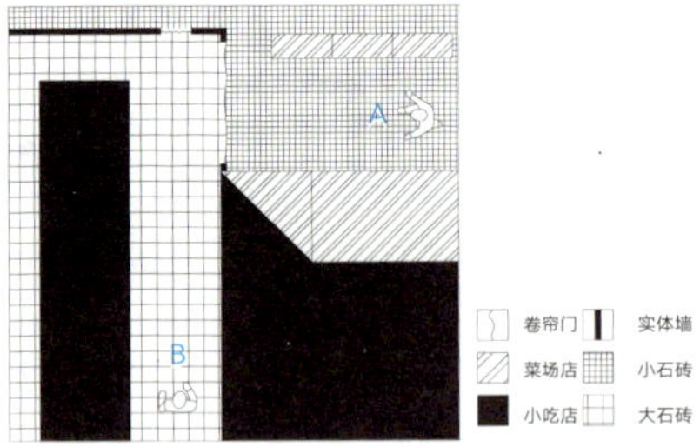

A: 尽端式　B: 两侧式

场景转换 3：间隙式

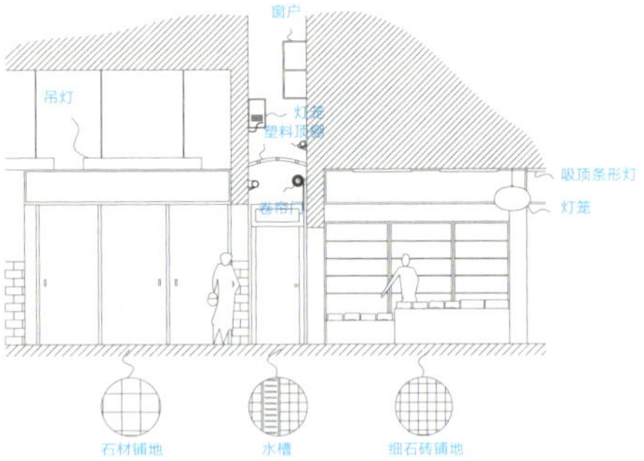

白一江 / 李墨君 / 罗西若 / 杨天周 / 张浩瑞

Z | 庄慎：这次系统化的分析比上次强了很多，图解和轴测的表达也好了很多，当然演变推测的准确性还是很重要。现在的调查还是处于比较抽象的层面上，如何造成这样的状态在研究上还有所欠缺。比如这里最主要的 U 型通道，三条边是非常不同的，有没有想到去类比一下？有三角屋架的那条通道的光线、装饰是情景式的；另一条小吃街就比较功能化，有透亮的顶棚；最奇怪的是短边那一条，很难简短描述它的特质，它们的形成非常复杂，可以去想想这个事情，为什么会有差异，差异在哪里，怎么形成的？

Z | 张斌：如果从公共空间出发，我觉得范围还可以再扩大一些，不要局限在基地内部，观察一下内外的关系，比如和街区周边一些公共资源的关系。

积善里西山墙

积善里西立面紧临甜爱路，并面临鲁迅公园的两个出入口，
街道两侧密植高大水杉香樟。甜爱路在此为尽端路，氛围安静。
积善里始建于 1926 年，砖木结构 3 层，属于新式里弄。

周边的城市研究
虹口
617

积善里西山墙

对于一个上世纪的历史里弄，其空间与功能，
已难于满足当代人的生活、家庭人口的增长等需求。
居民们自发改造建筑、占用外部空间、美化立面、
市政管线的增减等行为，其痕迹直白地布满各处，
但从痕迹上也能看出，人们对待这里还都保持着一种小心的态度。

基地周边的城市研究
虹口
1617
逆向还原 © 阿科米星

同心路皇玛会所建筑夹缝加建

该加建建筑位于原皇玛俱乐部所在的三角形院子内，依托消防楼梯，仿佛从两座原有建筑的夹缝之间“生长”出来，左右分别是六层高的虹兴洗浴中心和三层高的虹兴浴场。加建建筑主要分为三部分：与虹兴洗浴中心相连的室外钢结构疏散楼梯、主体加建钢结构建筑（员工宿舍）、两座原有建筑与垃圾房围合成的院子。

同心路皇玛会所建筑夹缝加建

为了方便和节省成本，建筑充分利用了两座原有建筑之间的各种空间，用各种钢结构任意地搭建创造出三层楼的居住空间。家具、电器、生活用品、废弃物等随着生活的累积而凌乱自由地散布在空间的各个角落，四处都是生活的痕迹。此居住空间现已被拆除。当初丛林植物般热烈生长的构筑物与空间，每个细胞里都透着活力与有效，甚至可以感到建筑在呼吸。

基地周边的城市研究
虹口
1617
逆向还原 © 阿科米星

局部微更新设计
Micro-Regeneration Design

菜场摊位微更新 / 白一江

菜场租金高昂，摊主为了扩大营业面，在台面上垫木板增大容纳率，但是又产生了菜台距离变大、活动面积减小、与顾客疏远、洗菜不方便等问题，于是摊主便垫箱子将摊位内部地平抬高，形成了一种纵观四方、高瞻远瞩的姿态。设计将摊位改造成立体三维，错出四排退台式菜架；增加一个出入口，让摊主和顾客可以近距离交流；出入口填平排水沟，方便垃圾打扫；顶部风扇洒水，保持菜品新鲜，消暑降温；摊位内设置 1.5° 斜坡，告别积水与脚垫。

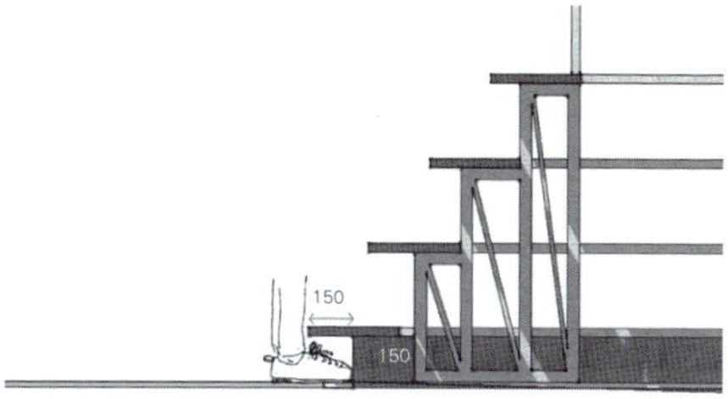

退台式货架细节

退台式货架在心理上增宽了过道

Z | 庄慎：你做了一个比较严格的尺度分析，但是分析还不够仔细，摊位进深 90 厘米，人还可以靠近 15 厘米，就算最后交易是 80 厘米的距离，似乎是一个很舒服的尺度。但是你们可以试一下，当我们距离 80 厘米，如果是有柜台的话，手肘或者胸口是可以借一点力的，但是你的柜台是斜的，当我们悬空去做这个动作的时候可能就会很难了，而且你的脚还是被绊住的。你站着去拿最上层的东西的时候，后面的人稍微挤一下你就摔倒了。包括货架每一层缩进多少的考虑，还是不够有说服力。

Z | 张斌：整个的思考还是蛮全面的，但是菜摊选择轻钢材料是否能成立？为什么我们的标准化菜场都用砖砌、用水泥板做柜台，因为任何轻型的东西都是经不起折腾的。退台式菜架对于展示是蛮好的，但是你要建议卖家站在通道上和人交易，而不是在菜架后面，这个形式比较像集市，并不支持菜场完全变成这样。

住区综合体升级改造 / 陈琨

中广小吃街的优势之一是它的地理位置，服务范围涵盖了众多人口，商业组团形成了一定的规模效应。所以相对于其他一些分散的生活配套设施点，这里可以提供更高级、更便利的服务。我提供了两种更新策略：从商业角度来说，提供更多更高级的住区配套服务；从公共利益角度来说，创造社区生活的容器。我打算在中广综合体中引进适合白领生活方式的健身房，将目前闲置的二层空间利用起来；其次通过小吃街这一公共开放的空间来容纳更多的社区活动，比如跳蚤市场、社区义诊等。目前小吃街这条公共空间的布置无法满足复合功能需求，故而对桌椅进行重新设计，用一种自由组合的形式满足多种使用情景。

桌椅设计

Z | 张斌：思路有一点虎头蛇尾，一开始的策略非常雄伟，最后就做了两个椅子。当然你有提到招商、置入健身房等，但这都不是建筑师的语言，是营销策划语言。另外，为什么要把这个上升成一个“住区综合体”？综合体有专门的规模和定义，这个顶多就是一个综合性的社区配套。

整合资源，改善公共绿化 / 邓希帆

街区内道路分为商业型道路和居住型道路两种类型，我认为这两种道路的公共绿化布置应该有所不同。在居住型街道上，晾衣服的行为侵占了人行道，让道路看起来杂乱无章。路上供休闲活动（休憩、聊天、健身活动）的公共空间缺乏，公共绿化只有行道树。商业型街道上的公共绿化没有起到积极的作用，无法满足人们停留、休息或进行公共活动需要。所以在设计上，针对商业型道路，把大片的绿化分成小面积的绿化，用独立树池营造小广场，增加一些座位设施，提供休憩空间。针对居住型道路，结合公共绿化做一些设施，既能提供公共活动的场所，又能满足晾衣服的需求。

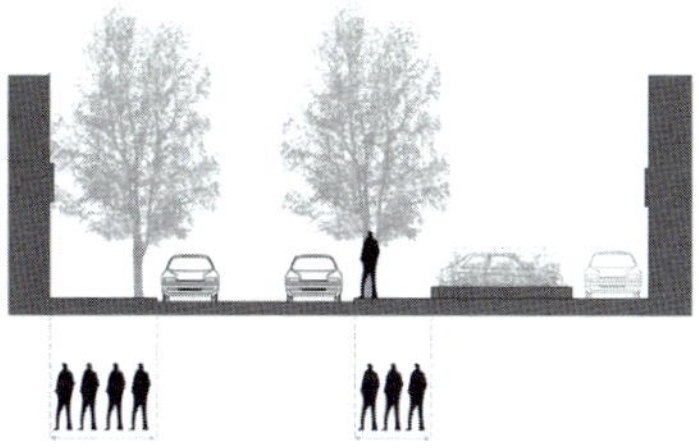

改造前街道

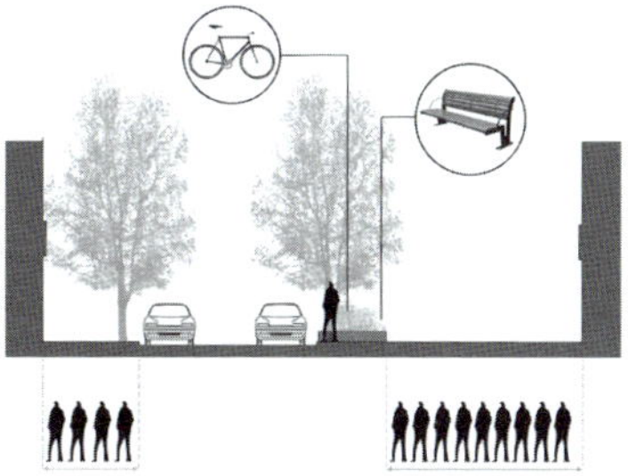

改造后街道

Z | 庄慎：局部更新要多从功能的角度考虑，包括从现实使用的角度多考虑。针对商业型街道和居住型街道的改造我觉得是个不错的点，现状的公共空间建设确实是比较草率的，如何使公共的空间能够更好地为社区和商业服务，同时又能方便管理和避免矛盾，确实是一个设计的方向。

Z | 张斌：街道绿化改善很有意思，她看到了很多问题，最终通过街道设施的一体化来实现，这件事情要简单一些，街道基本可以完成，但是你要计算一下成本，看能不能纳入街道的历年美化经费里面。

白领公寓屋顶平台空间 / 樊婕

住在白领公寓里的大多是年轻的上班族，他们追求一定品质的生活方式，所以在顶楼引入咖啡厅，主要营业时间是工作日晚上和周末。晾衣区增加了透明的聚碳酸酯板作为顶棚和侧面板，解决飘雨天晾晒问题。低层楼房的平台使用相同的材料增设顶棚和侧面板，面向居民窗口一侧，做了屏风，既不妨碍通风，又使住在这里的居民不必一开窗就看到大片的衣服。

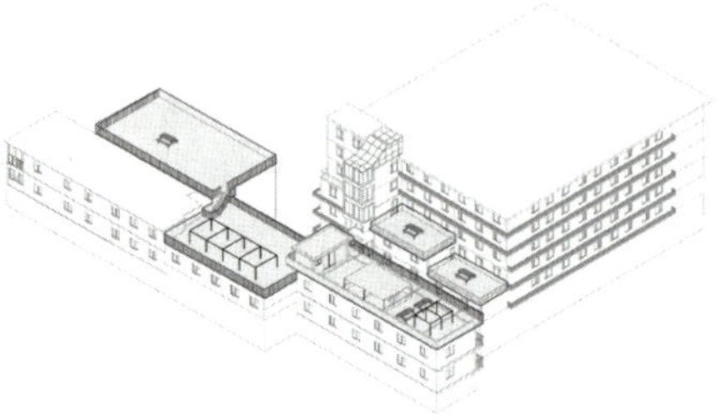

白领公寓屋顶改造范围

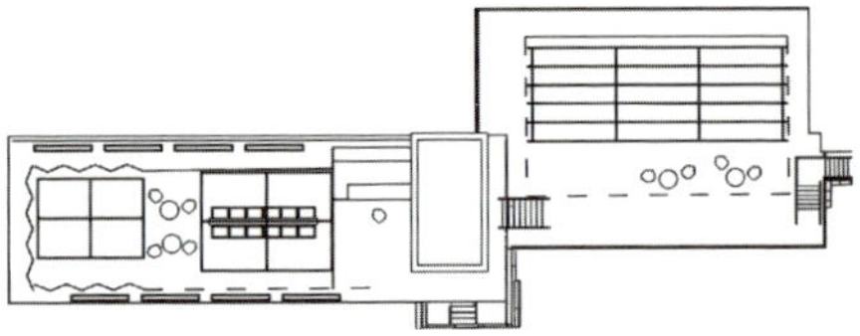

改造后的屋顶平台

Z | 张斌：做屋顶平台的同学比较多，你有没有想过和其他人相比，你的设计的特殊性在哪里？不清楚你加建阳光板是为了什么，是真的有使用需求还是只是追求形式趣味？如果是为了挡雨，它又没有完全遮满，中间又是有间隔的。我觉得你有一个改革的想法，但是做着做着就陷入套路里面了，不知道重点在什么地方。建议下次把要设计的东西归结到一些简单而基本的问题上。

小吃街入口改造 / 房玥

这两条小吃街一条热闹一条冷清，我希望通过改造让它们都有一个良好的氛围。现状入口低矮、光线暗，跟周围环境很均质。所以一开始我想设计一个醒目的，甚至有点浮夸的标志，这个动作的难度比较小，不需要拆墙。但是做完之后，我觉得有些粗暴，于是决定做活动策划的微更新：中广园游会，由中广置业、小吃街店主以及菜场摊主共同协商举办活动。通过一些促销和抽奖活动吸引顾客，提高中广的人气，店铺租金也会随之上涨。对此我重新整理了菜场的主要流线并设置了抽奖处的地点。

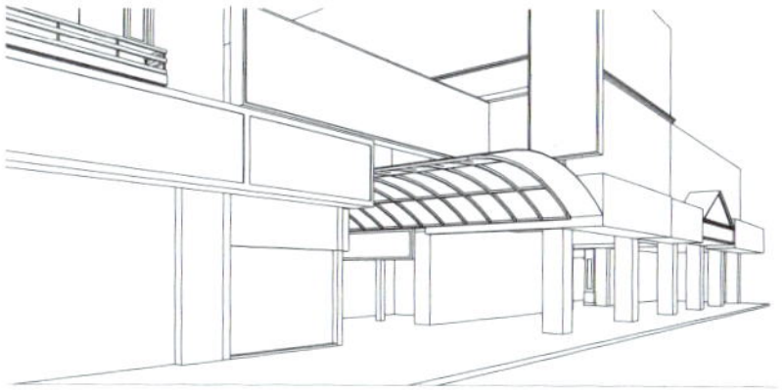

改造后入口示意图

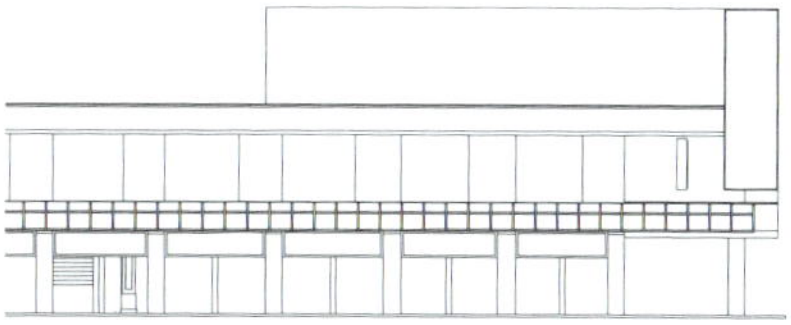

改造后剖面示意图

Z | 张斌：我们要避免成为一个城市美化师，城市美化师就是发挥自己的形式能力，给城市涂脂抹粉。如何避免呢？就是选题目的落脚点要想得多一点，这样提案会落在公共利益上。但是要想好它的资源从哪里来，是不是可以有一种可能性，以经营的模式进行，既能改善公共利益，经营方也能轻松负担。

Z | 庄慎：这位同学的整体思路听下来不是很清楚，前面一部分关于小吃街入口招牌的想法和后面的促销不在一个思考点上。你是一个建筑师，不是一个营销专家，当然可以把空间和一些行为活动相关联，但是现在做的这两件事不在一个层面上。

外卖休息区改造 / 顾金怡

现有外卖人员休息区流线混乱，相互干扰。上下班期间进出白领公寓时会经过这一道路，界面十分不友好，垃圾箱、货物、杂物等堆放其中。设计通过对北侧通道的改造，将垃圾流线和送货流线整合到北侧通道上，使南侧的顾客流线和白领流线相对宽敞。设计将改造三个节点：开放公寓门口的场地，减缓流线交错处的压力，竖立短隔墙，整合各类垃圾箱，将垃圾桶和非机动车分开放置；将小吃街的一个空房间作为外卖快递人员的休息室；整理并重新设计小吃街内的桌椅，可折叠的桌椅为批量进货和垃圾流线让出通道。

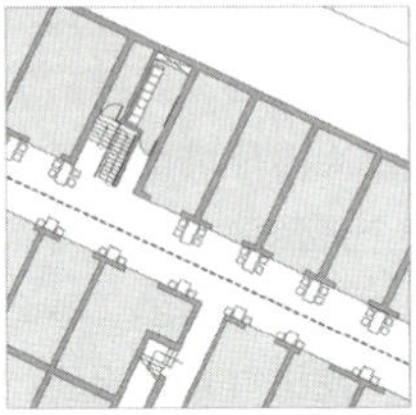

内街外卖桌椅

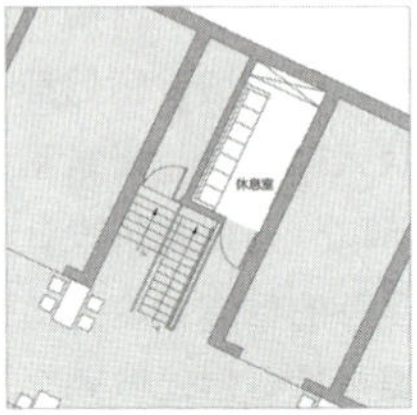

外卖人员休息室

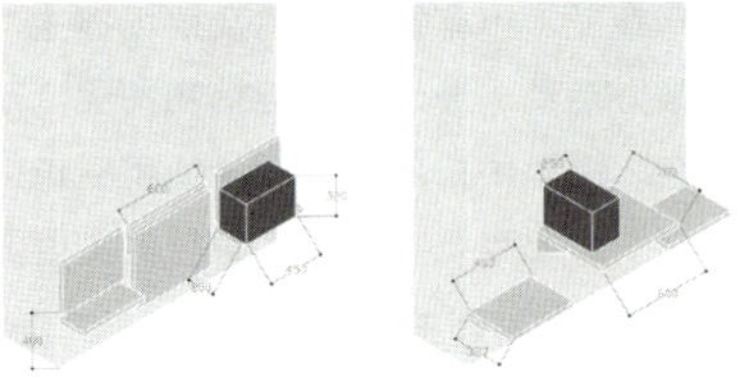

可折叠桌椅

Z | 庄慎：我觉得还不够深入，虽然这个点是挺好。如果我们从一个设计师的角度来考虑，可能会把这个事情想得更复杂一点。比如关于外卖人员更加具体的情况：他们的作息制度，什么情况下会聚集在一起，聚集之后会做些什么，重合的时间长短，等等。这些问题都需要了解一下，而不是简单地提供一个休息室就可以了。也许了解之后会有一些更有意思的想法。

W | 王方戟：空间组织的重要性远远低于人员组织关系的重要性。了解了人的处境和空间的关系，也许只是很简单的触动，就可以适合这个临时的状态，让这个环境可以变得更好、更好地被使用。

白领公寓案例改造 / 华心宁

因为这两边都是宿舍，靠得非常近，两栋楼之间的私密性会受到影响，且会造成光照不足。我希望能把其中一栋宿舍和闲置的办公区进行调换，使宿舍得到更好的阳光，同时使住宅区域与屋顶系统更紧密地联系在一起。针对这一问题，我做出如下策略：在屋顶增设天窗，天窗的高度突出屋顶一些。这样可以避免干扰住户隐私，同时在一定程度上缓解了阳光直射对户主生活的影响，将直射光改为了漫射光。

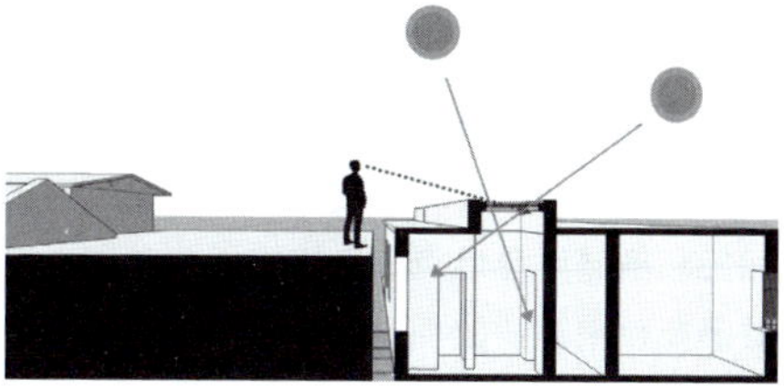

新增天窗

类型化改造建议：屋顶共享计划。在整个基地片区提取了三个典型性空间。它们所面临的共同问题是晾晒空间匮乏、建筑密度过高和公共活动空间匮乏。

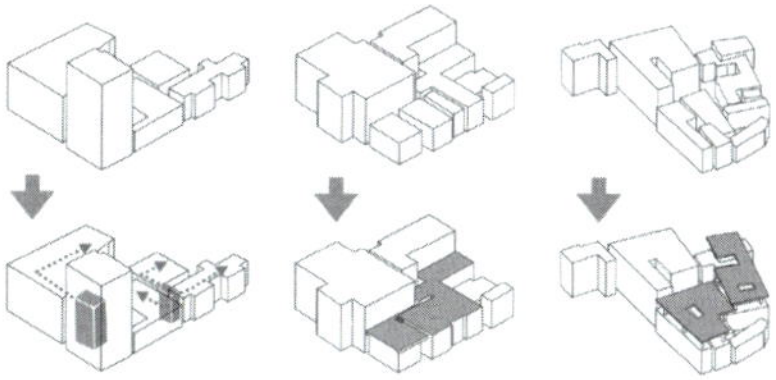

屋顶共享计划

W | 王方戟：现在好像是做了五个设计，却没有解决一个问题。比如说在坡屋顶上加一个顶，那么它的结构支撑怎么样？下面的人如何去使用这样的空间？这些都是一个个具体的问题。出发点是很直率的，我觉得没问题，但是接下来要真的去做这个设计，就应该针对其中一个来深入、解决问题。

Z | 庄慎：如果是类型化改造，其实要分析一下做这件事情的难易度。白领公寓的屋顶很好做，但你最后一个案例是私人的房屋屋顶改造，恐怕就很难做。需要去分析概念在现实层面实现的可能性。

居民楼面馆改造 / 黄于青

面馆的四位经营者是亲属关系，营业时间从早上五点到下午四点半。虽然是临时搭建的建筑，但每月仍需交付城管六千元租金。店内主要顾客是在写字楼工作的白领和附近居民。虽然用餐地点靠近城市绿化花坛，但并不能带来愉快的视觉体验，内侧的座位在任何情况下都见不到阳光。由此做了一个较为轻型的改造：调整了绿化带、座椅及操作区的位置，调整了视线所及的景物，使人坐在这里的时候能够先看到绿化带；人行道留出足够的人行空间；店内流线由原本顾客和经营者挤占同一条通道变为两者流线区分开来。

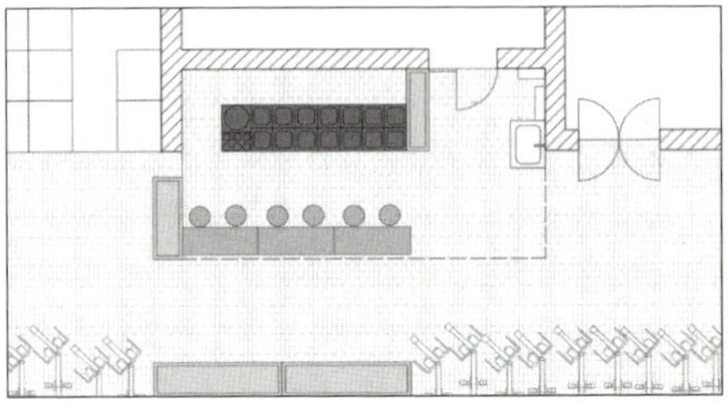

改造前面馆平面图

改造后面馆剖面图

Z | 庄慎：这是做了一个大改造，改变了原来灶台的位置，相应的管道也要对应改变。所谓小改造应该是深入观察它的每一个细节，甚至是经营方式。就像室外的部分，其实属于灰色经营。现在只考虑了将空间往前推的好处，如果你经常走那条路就会发现其实那条路特别嘈杂，往后退卫生条件还稍好一点。

W | 王方戟：比较好的是她有去了解目前这个系统是怎么运行的，对于怎么去想这个问题有了很多背景，但是从她设计的结果来看，好像只是重新组织了一下，解决了功能的问题。其实这个面馆存在大量灰色地带，不仅仅要从空间上着手，更需要组织和周围人的关系。怎么去做才能符合这种非常自如的状态，是需要着重出力的地方。

Z | 张斌：其实可以不用介质化的方式来改变或者优化这个空间，而是说这个空间可以被改造得更复杂，那样会更有意思。

菜场及小吃街布局 / 李墨君

现状菜场的氛围无法被感知，菜场与小吃街被割裂开来。希望通过设计将菜场与小吃街重新组织，保证有连续的营业界面，而且至少有一条通道是活跃且连续的，能够增加通道的停留感。在一些细部上也有所改善，如楔形空间由外向内的转变，以及通往员工宿舍的楼梯更注重私密性。设计结果对于管理者来说，有更多摊位加入了外围的体系，可以适当提高租金增加盈利；对于商贩来说，流畅的流线以及优化的布局带来更多的客流；对于顾客来说，减少了路径的相对长度，增加了菜场的可达性，两条通道形成差异，体验更加丰富。

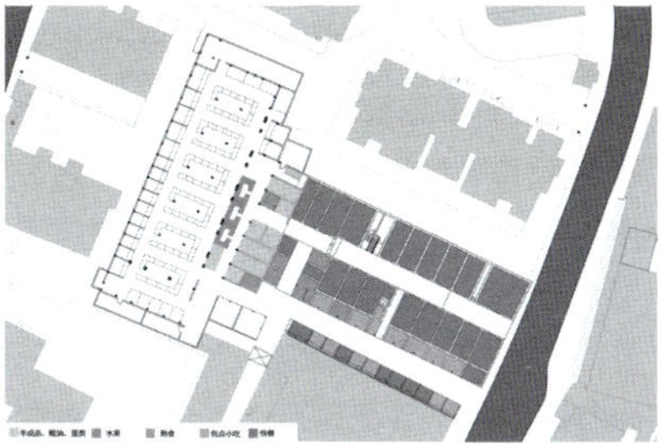

调整前摊位布局

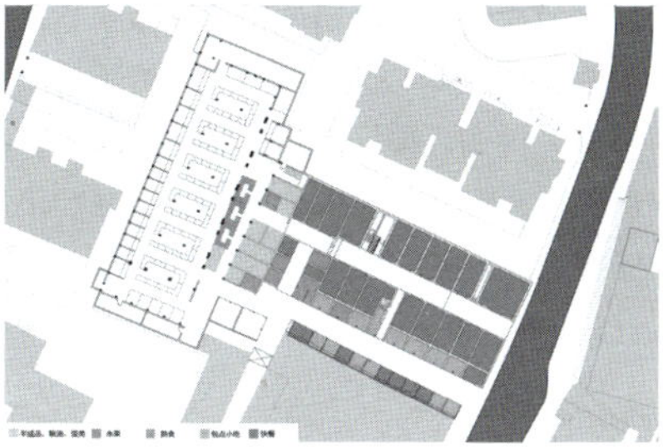

调整后摊位布局

W | 王方戟：结合这个模型来看，其实右边这个街是在房子里面切出来的，左边这个街是两个缝，所以两个街的物理条件是不一样的。现在想要重新组织这个功能系统，其实完全有可能将原有的空间组织系统跟你的组织系统结合，使功能重组，这样更有空间上的呼应。需要挖掘你目前这个想法想要解决的问题是什么，再思考怎么样去解决，这会让你的汇报更加有力。目前的设计仅仅是在原有空间的基础上进行叠加，反而把最直截了当的部分逐渐淡化了。

缝隙空间更新 / 李云宏

我想在缝隙中做些比较有趣的东西。不同时期的加建带来建筑之间的缝隙，小吃街有一条隐蔽的缝隙空间，宽 1 米，长 20 米，现在全部堆积着空调外机与管道。设计想利用这样一个极限的条状空间探讨空间使用的可能性。在三层条状空间的中部设置可以前后开门的电梯，将其分隔成六个部分，每个部分都可以做某件事，可以容纳一个人或两个人。比如说影音室、摄影棚、室内飞镖、情趣旅店、茶室，入口处还可设置杂货店、快递领取点。发现这种极限的尺度下可以有两种空间模式，单一目的的简单空间和目的明确的序列空间，人在这两种空间限定下所做的事是直接高效的。极限的小空间是私密、纯粹的，做一些崇高的事也会有神性的意味。

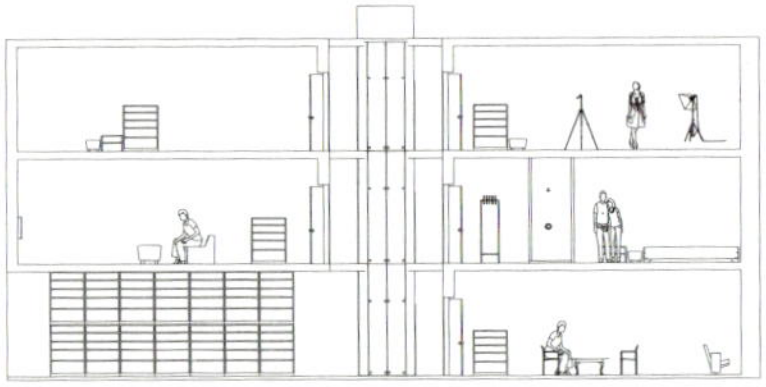

缝隙空间剖面图

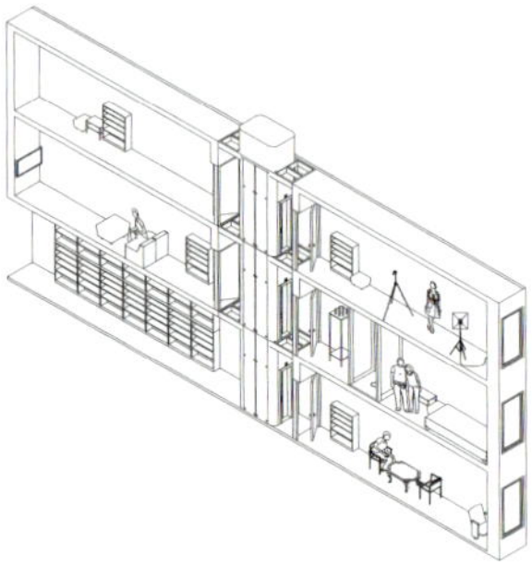

缝隙空间轴测图

Z | 张斌：对缝隙的提案是一个比较有意思的方向，有很多人都对缝隙空间做出过设想。你的呈现方式很有趣，但是你诙谐的提案意味着什么呢？是迎合现实、嘲讽现实还是对现实无所谓，表达不明确，缺乏与人关联的地方。看到了很多现实问题，但切入的方法是不食人间烟火的方式，没有考虑实际运营成本等问题，缺乏比较深入的理性的思考。

Z | 庄慎：建筑师会开脑洞，但建筑师也要讲逻辑。你找到了一个空间建筑的概念，但不足之处在于看不到与周边的关系，仍然只是一个概念。

W | 王方戟：对现实的考虑不足，结构应该搭在哪？缝隙中原有的设备怎么办？从很现实的角度出发却忽略了现实，其实现实性会让这个空间更加有趣。

人行道 / 林敏

西江湾路上人车混行，存在安全隐患，街道作为该片区仅有的公共空间，人行步道却鲜有人行走，非机动车停车占据了大面积的街道空间。设计希望取消路沿石，采用人行步道斜坡形式，间接拓宽人行步道宽度；通过木栅栏绿化与非机动车停车位结合，创造绿化带与停车多种功能的统一。使用可简单移动的绿化带取代铁栅栏，以隔离人行步道与车行道，绿化带在车流高峰期移至人行道，人流高峰期移至车行道。将堂食类商业移动到西江湾路和花园路路口处，保证西江湾路业态分布的平均。引导居民参与街道改造、参与低碳出行活动，并结合一些街角的大空间开展街道活动。

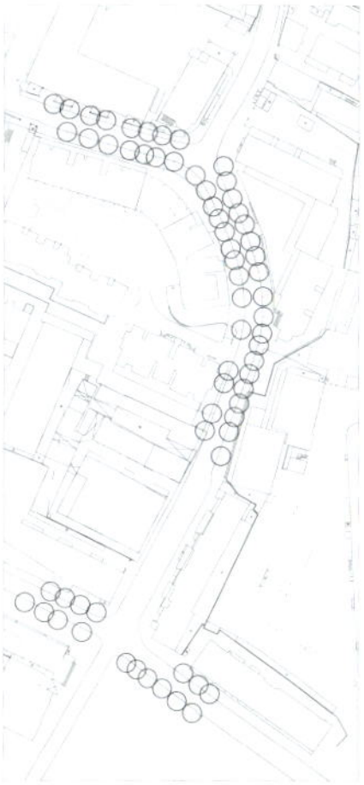

基地绿化分析图

基地商业分布图

W | 王方戟：你在调研中发现的这些问题在很多街区都存在，不是一件非常特殊的事情。把一个城市规划的问题落实到一个街区解决，这种思路不常见。感觉想法不是太清晰，还在试探性地找问题。

小吃街格局及组织的优化 / 刘斯腾

随着外卖订单的大量增加，后厨成为了更重要的部分。原本设计的后厨空间品质较低，既不通风也没有采光，随着到店用餐人数越来越少，店主慢慢将储物等功能挪到用餐空间，进一步导致堂吃空间无法使用，客源减少，形成恶性循环。新的格局希望小吃街布局变得既紧凑又适宜使用，吸引更多停留和用餐的人群。将两个相邻店铺之间的墙部分拆除，店铺边界向后退，一方面缩减店铺私有面积、减少租金；另一方面，工作人员的流线能够变得更加紧凑。改造后的店铺空间全部用于厨房空间，既可用于展示也可私密，具有一定的空间使用弹性。

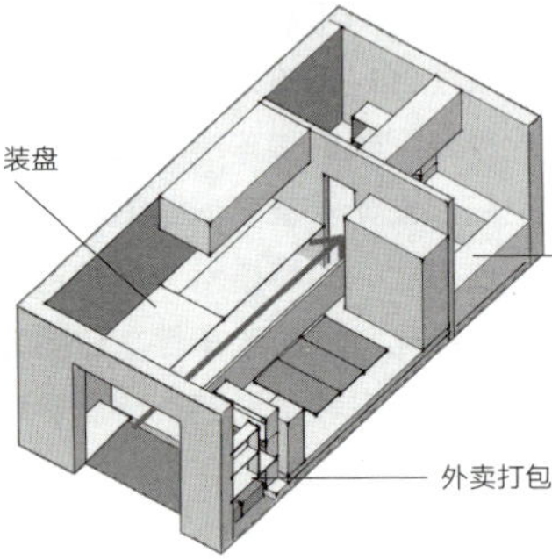

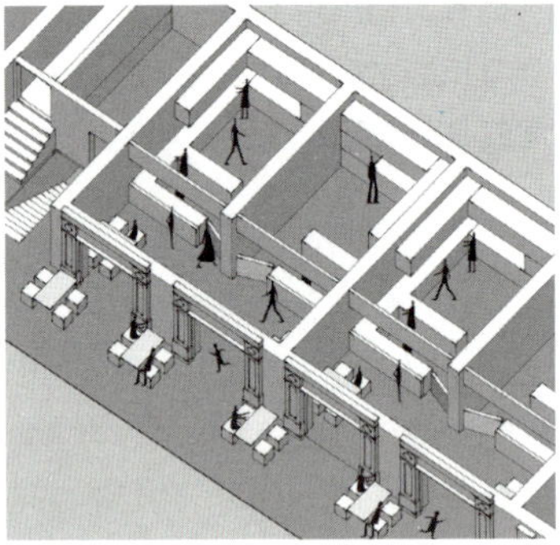

两个相邻商铺建的共享空间

Z | 张斌：提案挺有意思的，其实是做了一个“大食代”模式，但这样一来对于出租方来说经营模式是不一样的。每家店主的租金会不会提高，是否会带来物价的上升？如果这样的营业模式不能实现，那么这样类似“大食代”的营业空间又如何实现？是通过协商还是有其他方式呢？思路在空间整合上是好的，但如何实现还要思考。

W | 王方戟：利润计算结果从商人的角度看让人很难相信。更多应该考虑的是没有产生这种现象是为什么，这样才能想通这种状态和空间对应的可能性。

菜场西侧墙体改造 / 罗西若

菜场现状通风不畅、采光不足，小区的居民会在靠近菜场西侧的外墙边活动，因此我觉得人们在这里需要一定的聚集性空间。设计上西侧墙体只开窗不透气，防止气味影响；还原锯齿形屋顶，减少墙体太高形成的压迫感。对于菜场，由于自产自销的蔬菜摊位过于火爆导致入口拥堵，将其与靠近墙体的部分肉类摊位置换，在外墙开设购买窗口，为小区居民提供便利。小区一侧的西墙保留雨棚，开设蔬菜售卖窗口，雨棚高度保证车辆能够通行，保留靠墙停留空间。增加安全系数，分时段售卖（早：7:30—9:30，中：11:30—12:30，晚：17:00—18:30）。可安装监控，并加设防盗卷帘。

改造后剖面示意图

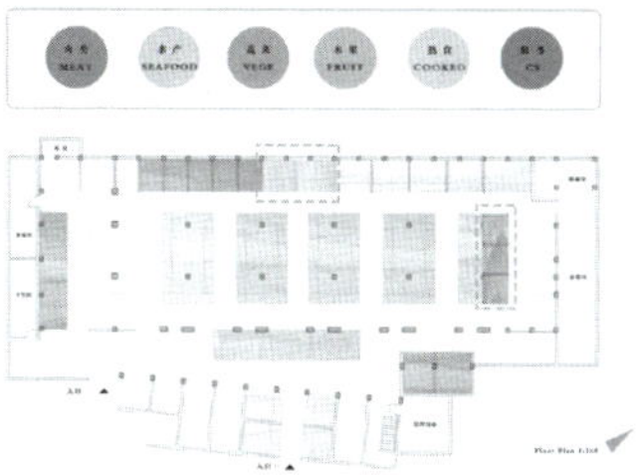

置换摊位，增设窗口

Z | 张斌：菜场内外墙如何整合也是一个很有趣的思考点，光线的打开对于菜场内部的整体环境有很大的提升。但是新加的摊位调整似乎与之前的山墙开高窗没有什么必然的联系，需要取舍到底要做什么。还有一个技术性问题，现有的墙能否在山墙上开大三角形的天窗，若是砖墙，是不可能的，若是框架承重或许可以开得更纯粹一点。

Z | 庄慎：西侧墙体是小区与菜场的一道界限，作为改造对象，怎样的策略能使双方都因此获益？另外，如果再加入交通与消防方面的考虑，策略更需具有兼顾性。

W | 王方戟：对西墙开窗可行性的调查和使用的设想已经到了有可能实现的程度，但是对于售货窗本身的挖掘不够，更多是建立在现状的基础上。

街角活动空间改造 / 邱雁冰

选择改造的地方位于菜场南侧十字路口。其中一角十分具有活力，可能是因为它比较有围合感，流线在这里折回，促进了活动的发生。对面的两个街角是截然不同的，一个是外卖人员休息的地方，尺度比较大；另一个街角有树荫，但停放的大量车辆严重干扰了交通。设计希望改善这两个街角，塑造有独特气质的十字路口。方案关注边界，尝试将其中一个街角的边界向另一边挪，外卖人群或许可以和当地的居民有一些活动的融合，边界宽度同时满足人和车的停留。绿化带变成活动的空间，二者形成更紧密的关系。

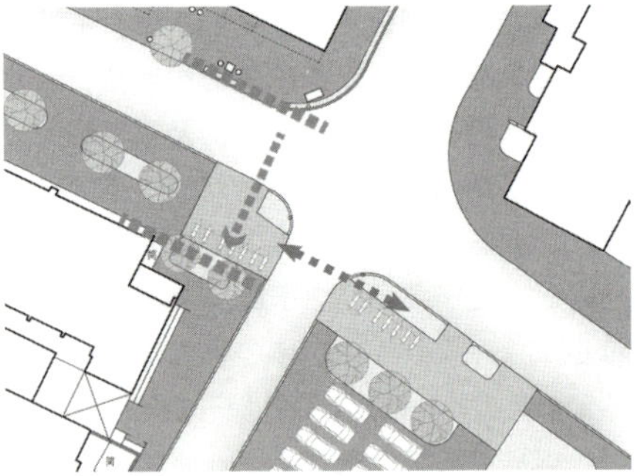

街角空间活动改造分析

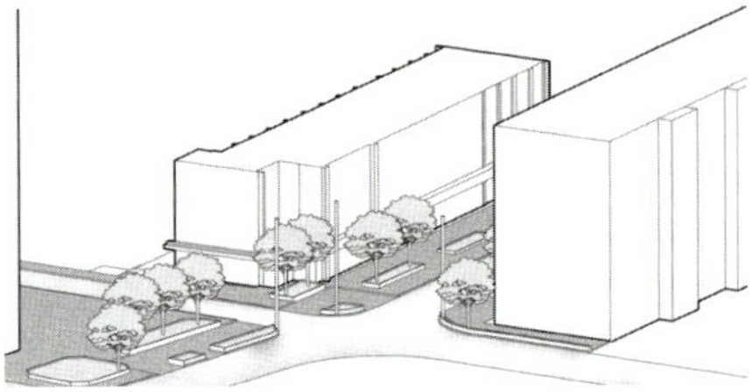

改造后的示意图

W | 王方戟：初衷还挺有意思，想把这边的街道感觉搬到另一半。但是目前通过植物的改变还不能达到目的。可能要考察一下为什么会变成这样，街道不仅仅是那几个人的，不必为了那几个人来重新组织空间格局。

Z | 庄慎：为什么这个街角很好，就要带领对面的街角呢？这个街角可能说："对不起，我没有这个能力辐射到那边。"所以这个评估是有问题的。你认为公共角落要整合起来的逻辑也是有问题的，缺少客观性。这是设计师想法上的误区，认为建筑是万能的，小更新很重要的是有效性和客观性。

公厕及垃圾站更新 / 汪滢

我选择的地点是西江湾路入口处的垃圾堆和公厕。它们极大地影响了该区域的环境质量，行人往往会掩鼻绕行。我的设计更像一个艺术装置，希望借此诱发各个部门的博弈，提供新的视角去认识城市公共卫生设施的建设，呼吁大众关注基础设施维护和底层人民的生活状况。设计上将垃圾桶的材料改为玻璃，形式基本不变，这样垃圾桶里的情况会被清晰地展示出来，人们会意识到自己的行为对环境的影响，形成自身的约束力。

垃圾房改造前状况

W | 王方戟：关于事件性的构思，我觉得没有问题，但行为艺术本身还不够令人信服。行为艺术首先要让人愿意参与进来，不光是引导小孩，所有公众要参与进来。印象里日本新潟县的一个艺术节，当地的老百姓会做小的收纳盒放在房子外面。行为艺术家就做了一套大小不同的“收纳盒”放在街道上，有的人租来一个用做展览，最小的盒子宠物也可以住。行为艺术增加了人和物之间的互动，同时也让人理解了这个东西的原貌和当今生活之间的关系。

垃圾房改造效果示意

Z | 庄慎：想法很有趣，但逻辑和表述非常混乱。

白领公寓 B 栋平台的改造 / 王宣儒

在调研过程中发现租户以年轻人为主，他们早出晚归，频繁更换居住地。现在这个地方没有交往空间，缺乏归属感。所以希望在公寓屋顶平台引入公共活动，比如露天电影之类，为租户创造交往空间。针对活动的举办，对屋顶平台的管理方式也作了一些设想：所有租户都可以参加，设备和管理由公寓方提供，通过门票获得收益。公寓方可以拉赞助，也可以出租平台获得收益。此外，将入口处的洗衣房换在另一边，重新规划晾衣区域，变成可收纳的。

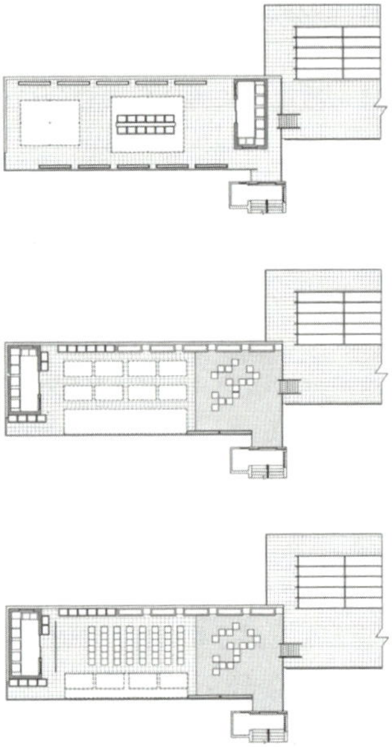

屋顶平面活动平面示意

W | 王方戟：可能因为对背后的组织缺乏认识，整个方案让我觉得有点无力。比如露天电影，大多是有团体基础的，属于半商业行为，关键要看什么样的人愿意参与这个活动。而在公寓屋顶放映可能还会影响到周围的住户。晾衣架除了要把所有衣服收起来之外还有社会组织的问题。就像我们学院每次做展览，你们猜猜都是谁帮你们搬的展板？

Z | 庄慎：为了做露天电影，改了洗衣房、改水管，这属于大型土建改造了。设计了座椅和晾衣架，但我没听到怎么去放映露天电影，用什么器材？怎么搭建幕布？甚至是否需要幕布等一系列问题。感觉设计了半天最核心的部分就是位置的排布，所有的思想都在外围，没有深入到题目核心的地方。

小吃街入口更新 / 王子宜

小吃街的入口形式一直在变化，目的是吸引眼球，但实际效果并不理想，已经无法产生新的刺激来吸引客流、带来收益。我的想法是做一个轻松的招牌来解决问题。如果只做招牌，那么会有很多的方式进行连接。或者干脆不做招牌，就做一个雨棚，使入口后隧道的感觉增强。但我的问题是改动会牵扯到多方利益，需要做实验，不确定实际效果。

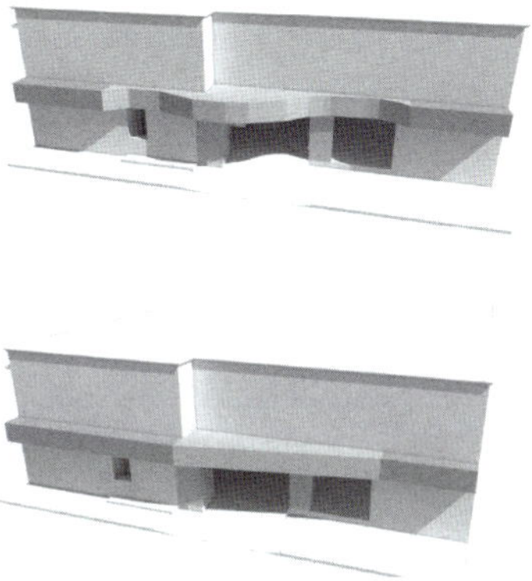

改造后入口示意图

小吃街入口现状

W 王方戟：分析很直截了当，包括试错的部分。我比较期待有个结论产生，而且应该是有可能得出一个结论的。比如说，从形态上小吃街的等级比周围店铺高这样一个简单的结论。怎样让小吃街的感觉更重要，这个命题怎么以建筑的方式去做，我觉得是有余地的。

Z 庄慎：做这样的更新，关键要把握适当的度、提出适当的问题、做出适当的评估、得到适当的结果。对于入口的更新，设计师最后也不知道该怎么办。要思考为什么提出这个问题，有可能是觉得小吃街的经营不好，改了立面会改善他们的经营。但两者的效能一定关联么？可能是有的，但重要性很低，起不到什么作用。

菜场柜台微更新 / 杨天周

菜贩没有休息空间和充足的储物空间，垃圾打扫不便；顾客挑选菜品不便，柜台太宽，随身物品放置不便。所以希望通过更新柜台解决这些问题，设计模块化的单元体，商户可以按照自己的需求进行排布，自己决定空间布局和内外关系。关于单元模块的设计，下面是一个储物柜，上面是菜台，隔板可以根据菜量进行变化。首层用于顾客放置物品，中部和下部是稍大的储物空间，柜体设置滑轮，方便移动、清理地面垃圾，通过几个柜体拼接也可形成临时的休息床位。另外，通过单元模块的排布，商户与顾客、商户与商户之间可以形成空间上的联系，增强互动的同时也可以缓解拥堵。

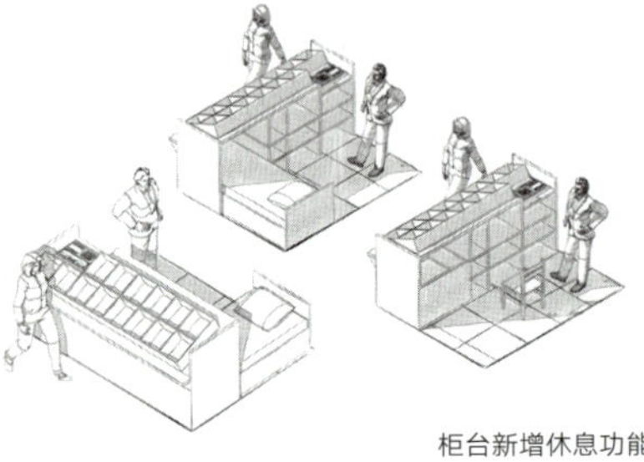

柜台新增休息功能

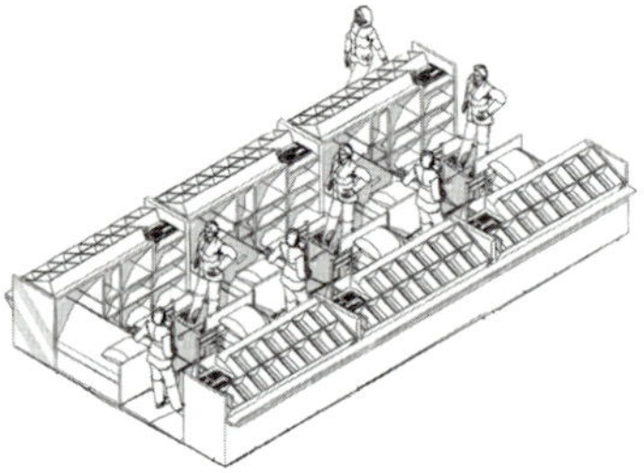

使用效果示意图

Z | 庄慎：虽然做了很多尝试，而且用了模块式的设计，但最重要的问题是好不好用。虽然概念很不错，但是在落实方面仍有许多问题。比如木头的清洁和耐久性等。

Z | 张斌：太过于小清新，与现实有些脱离。

W | 王方戟：首先要想的是经营模式和使用空间的关系。

白领公寓公共空间局部微更新 / 叶子桐

住宅单元提供私人的生活空间，但居民希望公共空间能提供厨房、洗衣、晾晒、休闲等功能，而对于业主来说希望能够低成本同时便于管理。所以设计的策略是归还平台给居民，增加一条通往平台的通道，代价为牺牲一条物业走道面积；解决平台的使用和周边住宅居住的矛盾，局部功能空间重组，厨房与局部住宅单元置换，并且增加一个用餐空间。

改造前的问题立面

改造后的整合立面

Z | 庄慎：想法和陈述都比较完整，对于功能的置换，虽然拿出两个公寓单元来布置厨房，但厨房布置依旧是原来的模式，还需要再研究一下到底缺少什么空间。同时厨房的布置如何优化，需要更加深入的思考。

Z | 张斌：通过两张效果图去呈现最后厨房的效果，太过于具象和直白，事实上更多的应该是探讨深入的可能性，而不应该是简单呈现一个效果。

W | 王方戟：对于使用模式的研究——包括现在的使用方式以及房间空置的原因，可能不止是视线——应该有许多研究的点要去做。

菜场摊贩改造 / 张浩瑞

通过调研，我认为菜场管理者不想改善菜场的原因在于菜场的盈利模式，由于菜贩的盈利和租金没有直接关系，所以菜场管理方没有改造摊位的动力，长此以往，菜场的现状会逐步恶化。设计希望通过改变经营模式来改善菜场现状：促销摊位仿效超市促销联营分成，管理方收取一定分成。管理方以低廉的价格出租促销摊位给摊贩，收取一定销售提成，顾客也能买到廉价的产品，管理者在盈利过程中也会主动参与摊位的改善，最终达到顾客、摊贩和管理者三方的共赢。

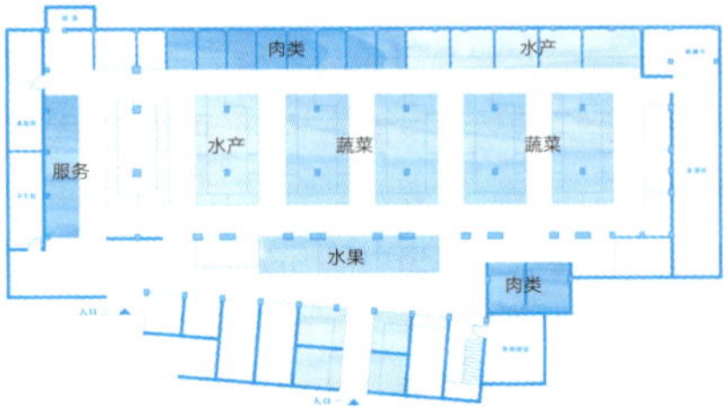

原菜场摊位布置平面图

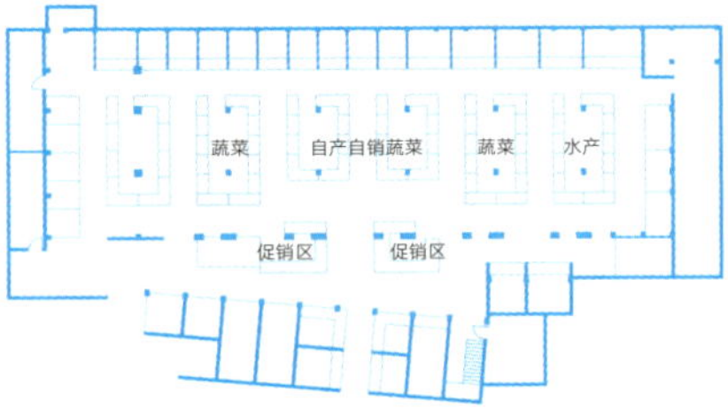

改造后菜场摊位布置平面图

W | 王方戟：现状水果摊的布局就是顺应两个建筑之间的空间来布置的，并没有前后的区分。而设计师的方案加强了前后的区分，让后面的空间更加靠后。

Z | 庄慎：同意王老师的观点，对于运营模式的改善只做了局部的比较。对于入口的问题，改造后是否会更好？这些研究都过于局部。

Z | 张斌：逻辑上通过改造摊位提高租金是一件危险的事情，虽然想法和表达不错。

经营蔬菜的大 Q 和二 Q 嗅到了商机，赶紧租了促销摊位，并且找了一批滞销蔬菜低价贩卖。蔬菜因低价遭到哄抢，两兄弟赚得盆满钵满。之后二人说从未见过中广菜市场有这么多顾客……

C 栋白领公寓微更新 / 张雯珺

C 栋有不少住户常年缺少光照，并且通风不良。我的解决方案是在中间部分挖出一个天井，通过天井可以有效改善中间三条走廊的通风环境，但局部房间仍未得到改善，所以进一步通过降低层高的方法，通过顶面的天窗得到自然通风。天井内部增加竖向交通空间以及厨房等服务空间，可以增加住户之间见面的机会，增强社区内部的公共交流。另外预估了微更新的成本：增加天井后，损失每层 6 个房间的租金，但通过增加屋顶的洗衣、晾晒服务为业主带来收益，弥补房租上的损失。

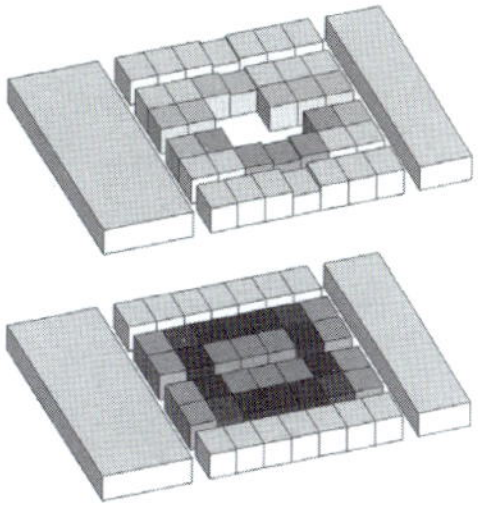

增加天井

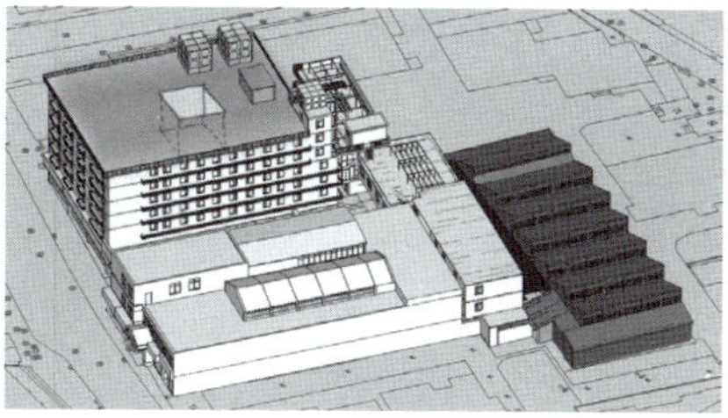

改造后轴测图

Z | 庄慎：改善通风的出发点是可以的，但想用一个方式解决所有问题，其实是解决不了的。反而这些东西互相之间带来了负面的影响，倒不如好好想一个方法解决通风这一个问题。

Z | 张斌：想要解决的问题太多反而失去了中心，特别是局部降低高度来解决通风基本是不可行的。总体思路比较完整，有意识去算账，也是因为这个改造已经不是一个小动作了。对于调研公寓的同学来说，那堆暗房间是最大的问题，是比较悲惨的，这样一个改造还是有关怀在的。

W | 王方戟：在实际项目中也是一样，一开始只是一个简单的提案，然后通过设计去不断完善。譬如原来提案中，开洞是直上直下的，但其实也可以有上下左右的变化。这种开洞方式在具体化的过程中加上后续结构、交通的约束，各种东西叠加在一起之后，原来的概念就逐渐变弱了。

同心路某裙楼转角立面

同心路这处商品房裙房，最初的立面设计与商品房住宅立面一致。转角处民生银行的立面作了整体改造，材料从原来简单的石材被换成了细节相对立体的红砖贴面，新的局部立面设计更隆重讲究，在左右结束的两边收头毫不掩饰地表明这是一个后来的新“外衣”。这样的局部“立面装修”对应的是一个可视作“毛坯”的城市。原来的建筑物不论好与坏，皆可视为“毛坯”。

lianjia·链家
基地周边的城市研究
虹口
1617
逆向还原 © 阿科米星

基地周边的城市研究
虹口
1617
逆向还原 © 阿科米星

四川北路日本海军特别陆战队司令部旧址

日本海军特别陆战队司令部旧址，位于东江湾路 1 号，系抗战胜利前日本侵略军在沪的大本营。

1924 年建成，占地约 6130 平方米，围合式建筑为办公楼、仓库，中间为 2200 平方米的操场。

1932 年的“一·二八”事变、1937 年的“八·一三”事变，均由日本军国主义者在此处发动、挑起。

1937 年 11 月上海沦陷后，此处成为日本海军统治上海的中心。

1945 年 8 月日本投降后，此处由国民政府接收，淞沪警备司令部、上海港口司令部曾先后设立于此处。

城市之家
基地周边的城市研究
虹口
1617
逆向还原 © 阿科米星

城市之家
交通银行
交通银行

1949 年 5 月上海解放后，由我人民解放军接管并使用。
现建筑对外底层大多为商业，内部主要分为两部分：一部分为城市旅馆，
停车场；另一部分仍属部队，中间场地被分割使用。

这是位于上海市虹口区中兴路与宝通路交叉口住宅区内的一条巷道。
其最宽处为 4.3 米，最窄处仅有 0.9 米，其间包含了七次转折。
这个内巷其实是一种城市的局部公共空间。
通过那些附属房间、矮墙、大门、车棚、顶棚等，
室外家具、水斗、装晾衣架、台阶、斜坡，搭设的平台、花坛，
一种具有私人领域感的公共空间建立起来。
这就是城市的内部。

「城市内巷」宝通路左侧巷子

基地周边的城市研究

虹口
1617

逆向还原 © 阿科米星

基地周边的城市研究
虹口
1617
逆向还原 © 阿科米星

3

作业三　社区菜场及住宅综合体设计

Assignment Three
Market and Residential Complex Design

基地现状区域总平面

图 1

图 2

图 1 从同心路看向西江湾路
图 2 基地白领公寓现状

图 3

图 4

图 5

图 3 基地范围前的街道形态
图 4 基地周边环境
图 5 基地周边环境：虹口足球场

课程目标

本设计注重设计各个环节之间的平衡关系。这些环节包括建筑的场地关系，建筑的功能调配与人流组织，建筑的公共性等级关系，建筑的空间、结构、建造等技术因素。

课程任务书

为改善本地区居民购物环境，本课题拟在作业二调研的地块重新建设新的菜场。要求场地内原有建筑全部拆除新建。

基地面积：4416 平方米

总建筑面积：7500 平方米

其中社区菜场：1500 平方米（包括管理、出租商铺、公共厕所等必须设施，并按规模设置变配电房一间、垃圾压缩站一间）。

商业及餐饮：1000 平方米。

白领公寓：5000 平方米。

出入口：人行出入口、建筑自行车及内部辅助人力车出入口应设在西江湾路上。

停车：基地内不强行要求考虑机动车的停车，酌情考虑自行车、人力货运车的停放空间。

容积率：1.7

其他：建筑限高不超过现有建筑高度。新设计的建筑群体不能减少周围住宅日照，不能减少与原有周围住宅建筑之间的建筑间距。垃圾压缩站按功能要求设计，要考虑垃圾车正常进出及垃圾收集。

出租商铺店招位置及控制需要进行设计；建筑周围场地要进行设计。

成果要求

首次汇报：项目宣言书（文字控制在 250 字以内，主要对设计概念及其生成逻辑进行准确描述，另加 1 个关键词。项目宣言书可不断修改，但在每个阶段都需要提出）。概念模型及概念图纸，具体形式比例等自定。

中期汇报：项目宣言书、平立剖图纸、1/200 模型、其他各阶段要求的成果。

最后成果：总体 1/200 模型（需要做场地关系）、1/150 底层平面、1/150 其他各层平面、1/500 总平面图、内部场景透视图、外部透视图、设计分析图、500 字以内设计说明。

作业介绍

作业三“社区菜场及住宅综合体设计”是一个建筑设计练习，课程任务是在基地上设计一个菜场及住宅综合体建筑。基地位于西江湾路 122—126 弄，一处城市中被改造的建筑群落。现有建筑是中广小吃街、菜市场、白领公寓的建筑组合体，一处现实中的“小菜场上的家”。该建筑群落东为西江湾路，北为建玮公寓与钧茂小高层住宅区，西、南为同心路 125 弄多层住宅与住宅区。

通过前期两个调研作业的训练，学生对任务中的功能及这个功能应该如何融入环境都有了较好的认识。这从他们在设计初期提出的很多概念中都能有所反映。这些概念很多都能顾及到与项目相关的多种因素，而不是从单一的纯形态因素出发。作为一个综合性的训练，这部分课程在概念引发、环境关联、功能落实、空间及形态设计、结构及构造方案、设计表达、模型推敲等方面都有涉及。虽然从成果上来看，这个部分只是完成了一个实体的建筑设计，但这个部分与调研部分是密不可分，缺少了前期的观察、分析、视野的拓展、观念的交流，这个部分得到的成果势必也不会是这样的。

作业三的周期为十一周半，每周两次课程，每次四节课。教学上采取集体评图与小组讨论相结合的形式。在整个教学过程中进行了五次集中评图，其中有两次有外请评委参加。范蓓蕾（亘建筑）、孔锐（亘建筑）、刘可南（旭可建筑）老师参加了中期评图，王骏阳（南京大学）、刘可南（旭可建筑）、范蓓蕾（亘建筑）老师参加了最终评图。除评图时间外，其余课程均为小组辅导。任课的三位教师每位各辅导七位同学。以下呈现的是这个作业的部分最后成果 。为了适应发表的尺寸，平面图及剖面图由设计者本人进行了简化。每个作业前的设计说明由设计者撰写。作业后的评语是对 2016 年 12 月 25 日此次作业在同济大学建筑与城市规划学院 C 楼地下展厅评图时各位老师现场评语的总结。

以宅为瓦

学生 / 白一江
导师 / 庄　慎

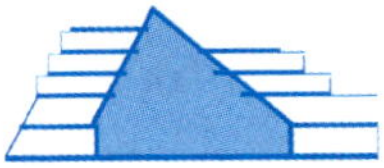

大城市中的居住状况缺乏交流，并以个体为单位进行生活，使得居民“消失”在大楼里。即使是同一住区的居民，也存在缺乏交流不甚了解的情况。菜场作为一个社会活动的场所，具有促进社区交流融合的功能特性。设计从这一情况出发，舍弃普通菜场的一般空间尺度，将菜场空间提升到城市尺度，并与商业结合，共同带动社区和片区的交流活动。“以宅为瓦”，将住宅构成本身作为搭建城市空间之手段，住户也因此自然地置身于互动活跃空间之内。因为大型建筑综合体的引入会对周围住户产生影响，通过南北两面层层退台，一是避免了建筑对周围住宅日照的侵占，二是自身达到了户户有日照的目标，三是顺势形成了内部空间较强的形式感，提高内部空间的吸引力。相比于菜场的单一功能，商业由于其本身的丰富性与活力更能带动内部空间，因此将商业放置于一层，并以商铺—道路—摊位座椅—道路—绿化的层次从边界到中心安排功能。菜场置于二层，通过坡道自动扶梯到达，在南部设置坡道，通过“人货分流”解决菜场的运输问题及垃圾处理问题。

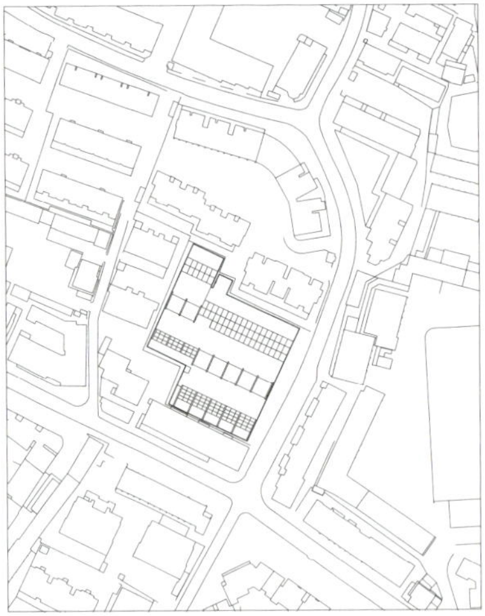

总平面　1:5000

首层平面 1:1000

F | 范蓓蕾：他和其他同学的做法完全不一样：把底层架空，像大堂一样通透。我比较喜欢这次的深化，把它作为一个半公共的、半室外的空间，在里面种了树。但是我建议不要把电梯放在这，因为人进来之后只有这一个主要通透的空间，应该是一个灰空间的释放，现在电梯放这里相当于把两边全都堵死了。虽然你设想的是一个透明的电梯，但是实现出来给人的感受是不一样的。

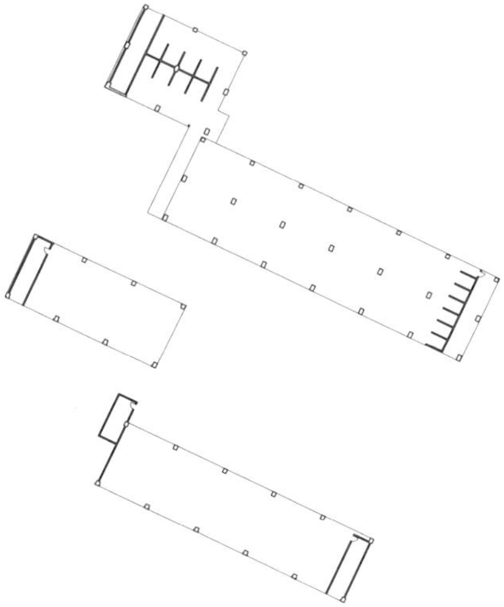

二层平面 1:1500

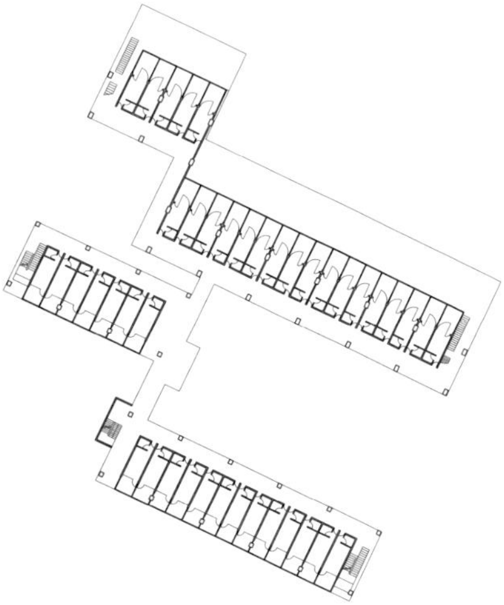

三层平面 1:1500

L | 刘可南：这里出现的住宅和菜场的空间关系，特别像香港，属于亚热带气候以及住宅密度比较高的地方。在那样的气候下内部的植物是没有问题的，虽然不会长得特别好。但是在上海这样的气候下，天气还是一个重要的建筑控制因素。比如这么大的一个公共空间，到了冬天，舒适度会怎么样？室外的雾霾天气，对建筑内部是有影响的。

W | 王骏阳：我觉得底层和上面住宅的空间关系怪怪的，像一个旅馆或是办公楼会有的关系。不过把菜场放在二层很有意思，但我对于进入二层菜场的这种模式不太满意，过于无趣了。把菜场放在二层就要想想如何让城市中的人上去，这里面不仅有功能性的要求，还要思考如何让人自然而然地进入二层，现在的方式感觉会有点累赘。

住宅
住宅
住宅
住宅
商业

住宅
住宅
住宅
菜场
商业

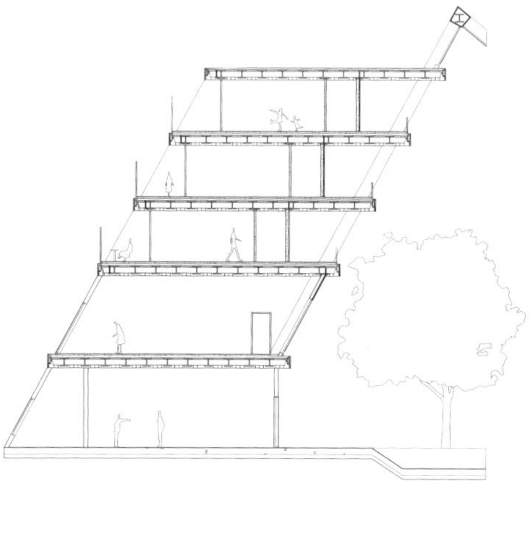

蜂巢

学生 / 陈　琨
导师 / 张　斌

场地呈现不规则的平面形态，并且受到周围建筑的强势挤压。场地所在城市空间氛围较为沉闷。鉴于居住与菜场两种功能都存在大规模复制的特征，希望找到一种基本单元，能够消解强势围合带来的压迫感，并且适应场地的形态。蜂巢（六边形）是一种介于正交网格与自由几何之间的网格，既能够保持较为严密的几何网格，又能够在场地中自由弥散，理性而不失趣味。相同的元素组成三组建筑，围合出中间的院落，又拥抱城市。一层建筑在白天作为菜场开放，夜晚菜场关闭后沿街的覆盖空间可以容纳周围居民的部分活动，内部庭院则带有一定私密感，属于住户。二层则是属于住户的公共平台，每一组建筑都享有一块半公共的场地。在单元体量退台的地方形成开放的屋顶平台。菜场以U形流线串联不同的分区，但是不同分区之间的边界是模糊的。住户的流线和菜场流线在庭院交织但是互不干扰，可以相互独立运作，又可能在庭院内产生交流互动。

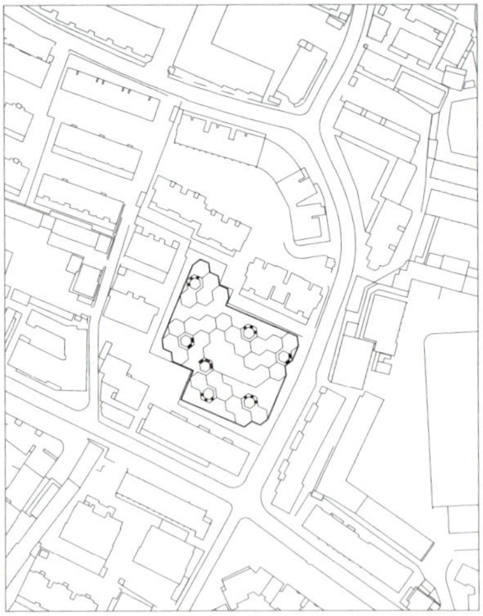

总平面 1:5000

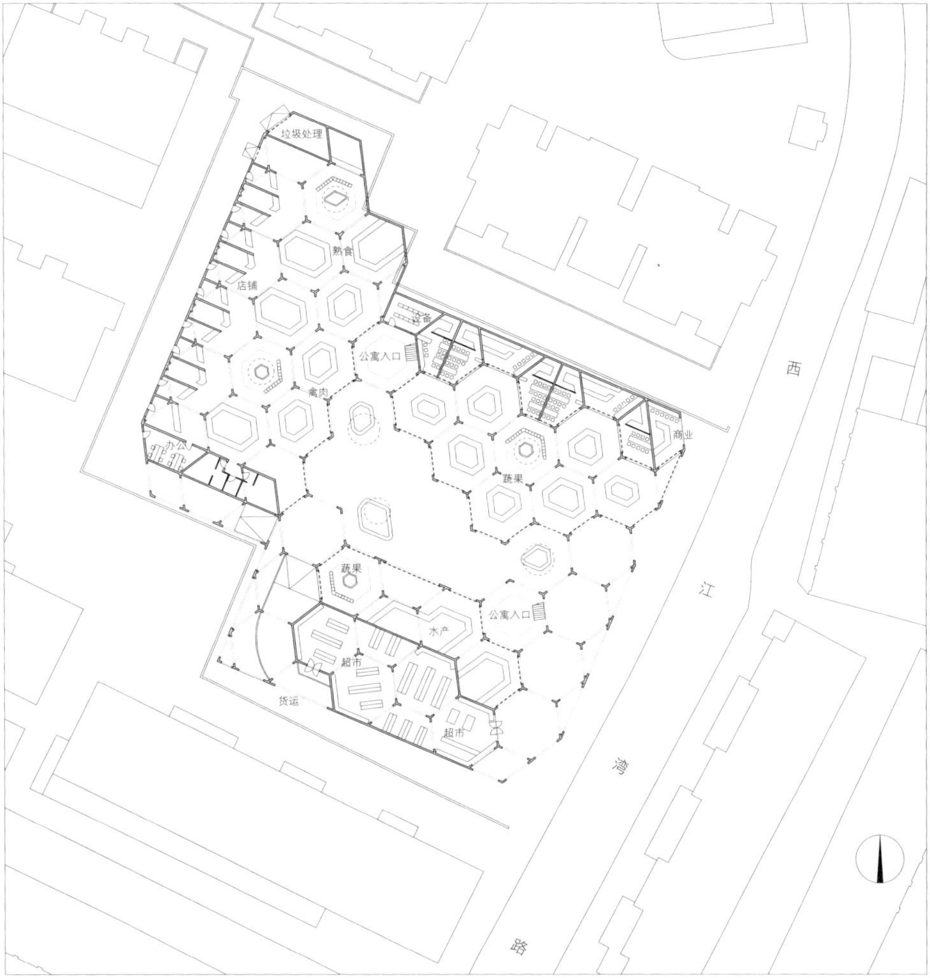

首层平面 1:1000

L | 刘可南：其实六边形或者其他形状很多建筑师都有尝试，建筑师主观想要发展一种关系，其实是他对城市环境的一种回应。我的问题是，一层菜场一定要用六边形吗？因为我觉得六边形对菜场的功能和流线带来很大的困扰，而且你没有去回应形式产生的问题，到边界就直接切掉了。其实在一层完全可以用其他的结构形式。现在的情况让我觉得六边形的选择把你所有的设计资源都吸进去了。作为学生可以更勇敢点，更激进一点。如果做方形的话，形式上的处理可能没有那么大的难度，所以这里我觉得做六边形首先就要去面对很多问题，但是你要知道去面对什么。

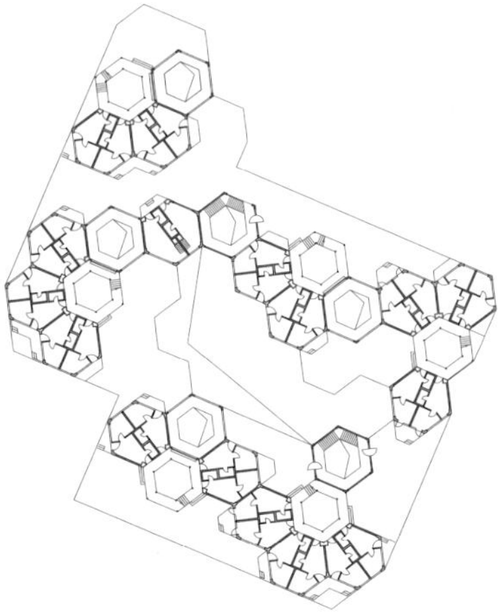

二层平面 1:1500

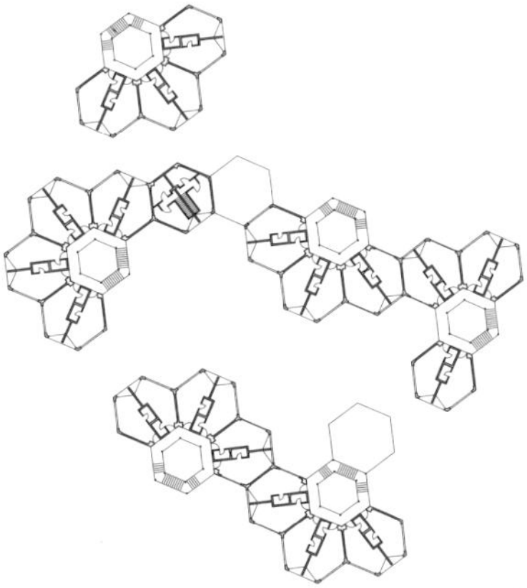

三层平面 1:1500

F | 范蓓蕾：当你选了这么一个强烈的原型的时候，尺寸就很重要了，首先觉得你的这个六边形小了，住宅的长宽比很不舒服。其次，把六边形做得太苍白了，可以看看路易斯·康做的犹太社区中心（Jewish Community Center，1954—1959，纽约默瑟县），建筑也有开洞，但是会让人进入之后觉得"怎么是这样的"！和你在外面看到的是不一样的，有很强的惊奇感。你现在把这个东西做得太薄了，没有找到空间里更多的可能性。还是拿路易斯·康的那个建筑举例，宿舍的平面看起来会觉得很无聊，就是一些阵列。但是我第一次去的时候，发现空间是联通的，一个空间透着一个空间，场地的边界没有了，分不清室内和室外，这些就是重复单元组合之后空间给人最异样的体验。但是这个机会在你的设计中丧失了，没有户外空间，没有多层次的空间，大卖场的六个柱子其实和正方形柱子给人的感觉是没有区别的，没有创造一种新的自由感的体验。最后一点，抛开这个六边形，你对这个场地的尺度感知是有问题的。

W｜王骏阳：这是所有做很强烈的几何形体的方案经常会出现的问题。要把所有的东西都套在这样一个形式里，缺乏灵活性。也许做得巧妙会显示出它的优势，但是很多情况下会显得勉强，而且形式的逻辑很多时候会出现矛盾。还有，我觉得这个院子是一个很大的特点，大多数人把院子做在二层，但是你在一层做了一个很大的院子。想象上面住着的人，晚上菜场关闭掉了，他们要走很久，要经过这样一个很大的门厅才能到达二层，这个空间就会让人感觉很消极。

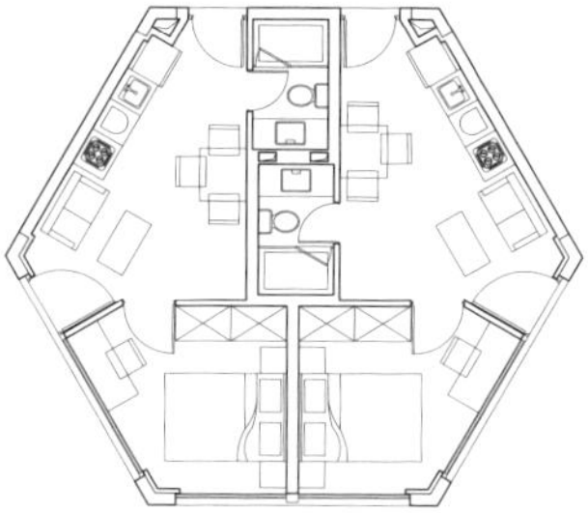

图 1

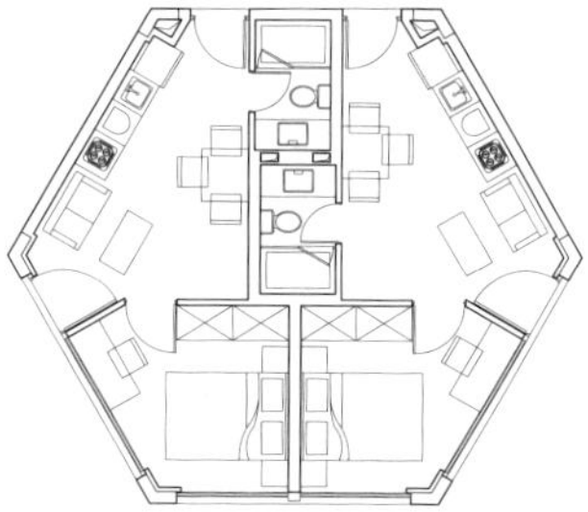

图 2

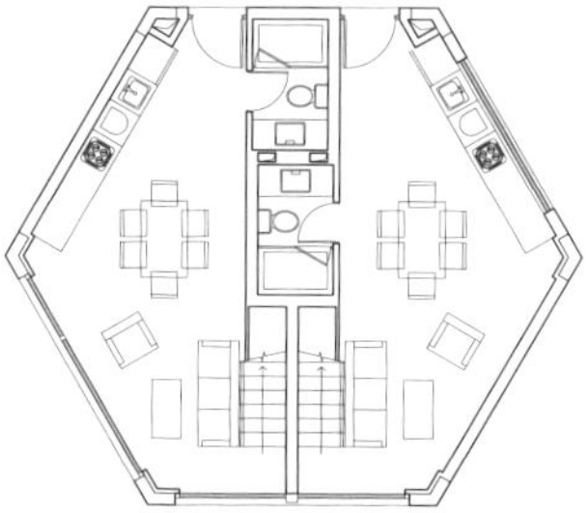

图 3

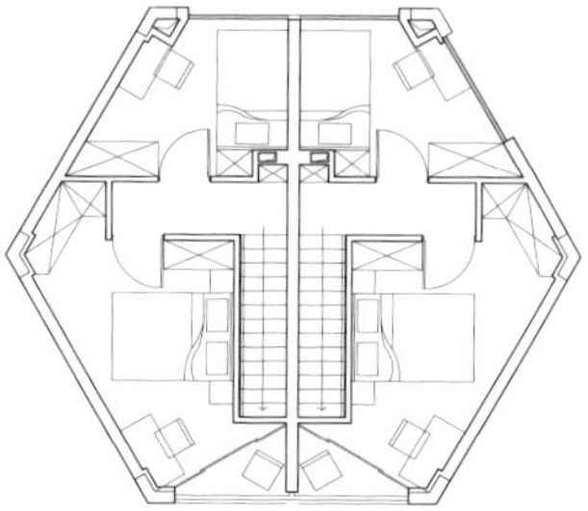

图 4

图 1 户型一 平面图
图 2 户型二 平面图
图 3 户型三 首层平面图
图 4 户型三 二层平面图

剖面图 1:500

围街

学生 / 邓希帆

导师 / 庄　慎

在设计中，基于场地三面围合呈尽端式的情况，希望把围墙和公共空间结合，形成环绕式的、具有公共功能的城市巷道，探索边界的可能性。通过小尺度围街的营造，试图活跃边界空间，并同时改善人们在菜场、商铺和公寓中的体验。小面积商铺沿着围街外围分散布置，通过围墙和挑檐空间形成大大小小的院落，并布置绿植；大面积商铺沿围街内圈布置，通过设置挑空、小夹层并与二层的公共平台连通，提供了更多户外桌椅摆设的空间。一层和夹层商业的布置同时形成立体的、抽象园林似的围街空间，提供人们可以停留的休闲场所，形成热闹的商业氛围。公寓沿围街布置，且在公寓之间设置“缺口”形成公共空间：社区小食堂、健身房、洗衣房、公共厨房等。住户通过围街或围街公共平台进入社区公共空间，再进入社区平台，分散入户，临而不扰。同时，引入一个与基地围墙边缘成角度的正交网格，解决小体量公寓的建筑间距与采光通风问题，并提高围街空间的丰富度，形成不规则的多个院落。

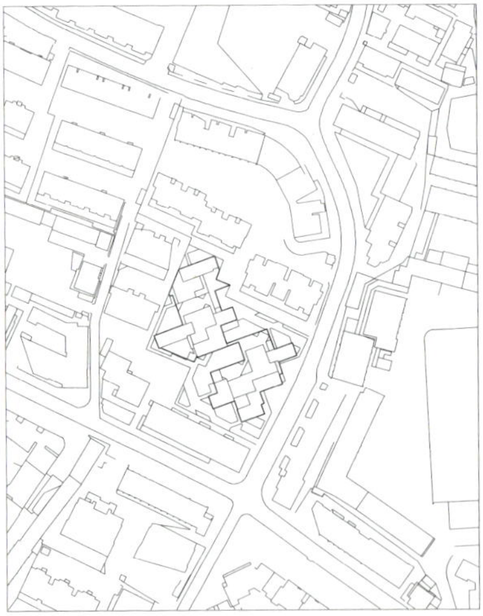

总平面 1:5000

首层平面 1:1000

W | 王骏阳：因为基地有围墙边界，设计者让建筑平面和基地呈 45° 夹角，形成了丰富的退让空间，这是个很好的尝试。商业部分的形式好像不是很明确，因为围街中间部分的形状像广场，不太像街道。应该还有二次设计使它形成一个街道的感觉，现在这样看好像就是一个剩余空间，不知道怎么用。进入肉类菜场可能要经过围街中部，所以这个地方很关键，是个连接点，需要好好想想怎么去处理。

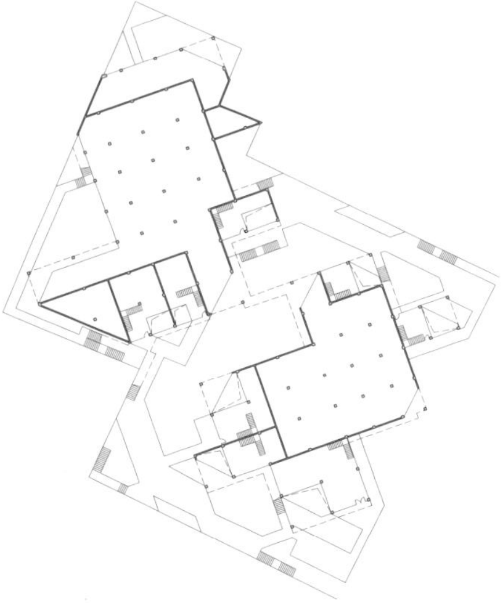

二层平面 1:1500

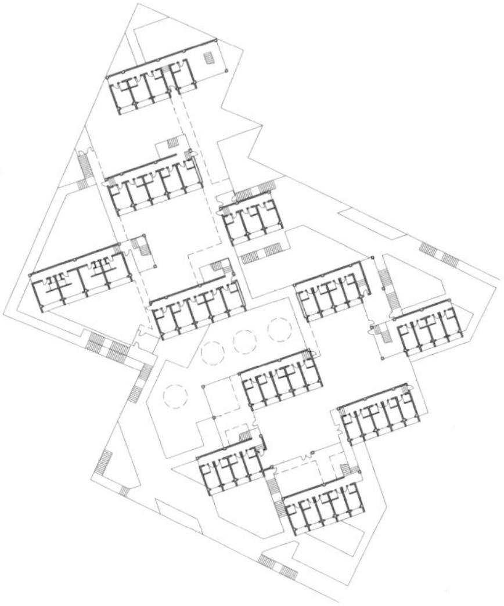

三层平面 1:1500

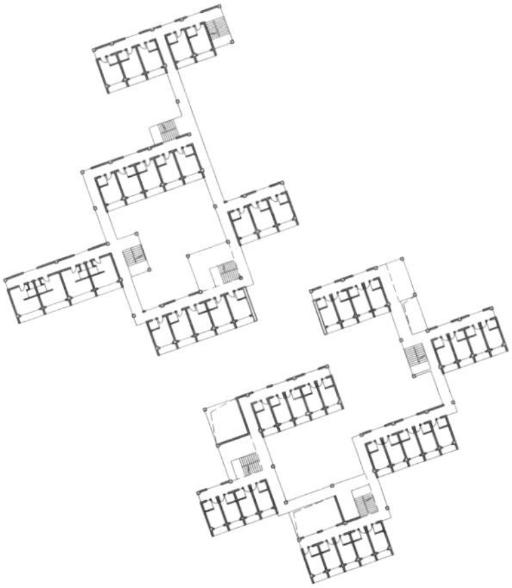

四层平面 1:1500

Z | 张斌：中间这一串空间和小庭院以走廊串联起来，轮廓变化稍微复杂了一点。但是它用轻的、小尺度的设计把边界处理掉，这个意图是很清楚的。这个题目的难度就在于，房间扭了一定的角度，有了好的朝向，但边界有了一堆乱七八糟的东西。她通过自我围护系统来解决这个问题，意图是很明确的。

剖面图 1:1000

渲染场景2

连接

学生 / 樊　婕
导师 / 王方戟

设计旨在打破基地中原有的人与人之间的隔阂，通过营造一系列开放式的公共空间，利用空间、功能与视线上的联系，将商业一菜场一住宅连接在一起。因在前期调研中得知，原居民的生活质量因日照不足而受到极大影响，为了保证居住者尽可能舒适，该设计以日照为限制因素生成体量。进而由内而外，以连接为主题，利用剖面形成了上下空间和视线的交流，将商业、菜场与住宅通过微小但有趣的空间进行连接。并在形成的住宅体量下，围合出半私密的屋顶花园，为“家”的居住者提供周边环境缺乏的绿地和室外公共空间。尽管所谓“小菜场上的家”的定义只是公寓而非住宅，但居住于此地的大多为异乡游子或“无家可归”之人，故设计者希望能给漂泊于沪的游子一个暂时安定、暂且能称之为“家”的地方。或许这样的设计不能完全解决所有问题，我力所能及的，可能只是营造深夜回家的一盏明灯，和冬日暖阳下的声声问候。但这样又未尝不可?

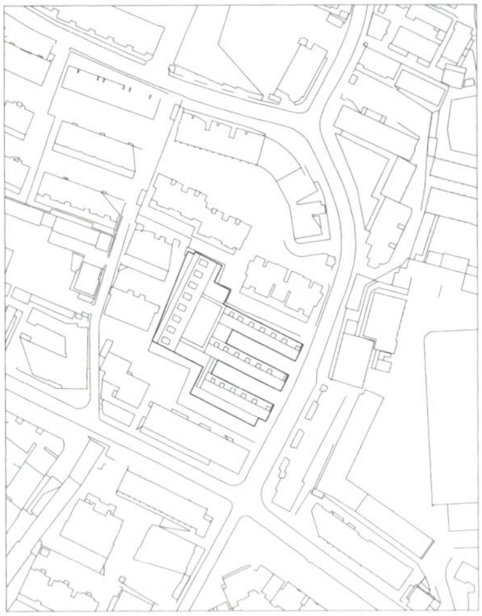

总平面 1:5000

首层平面 1:1000

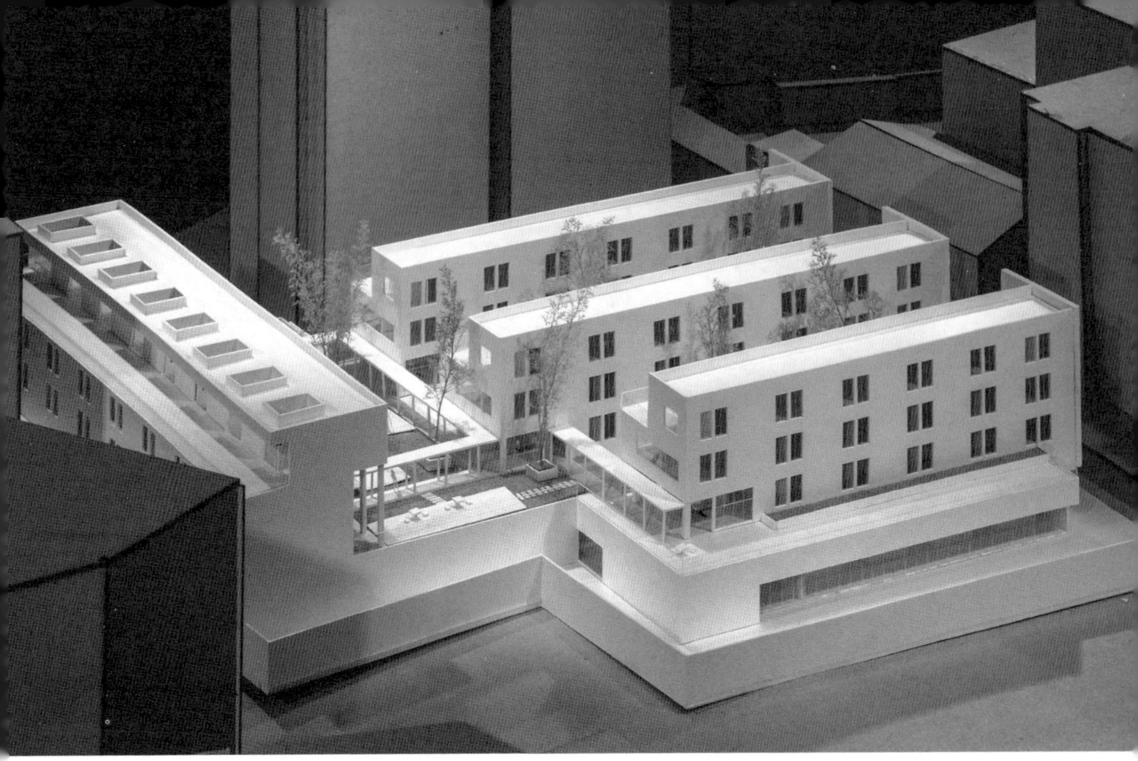

W | 王骏阳：这三条房子是匀质的，建筑之间也是均质的，总体场地布置看起来要差一些。另外，平面布置好像有点抠院子的做法。一般那种大进深的住宅，实在没有办法才挖一些院子解决厨房、卫生间的通风和采光问题，你这个进深大概八九米，里面阳光其实是进不去的，只能增加通风，好像不是特别必要。另外，我觉得平面上家具的布置好像还要再考虑，现在平面上布置的床、沙发，全部靠边变得非常没趣。

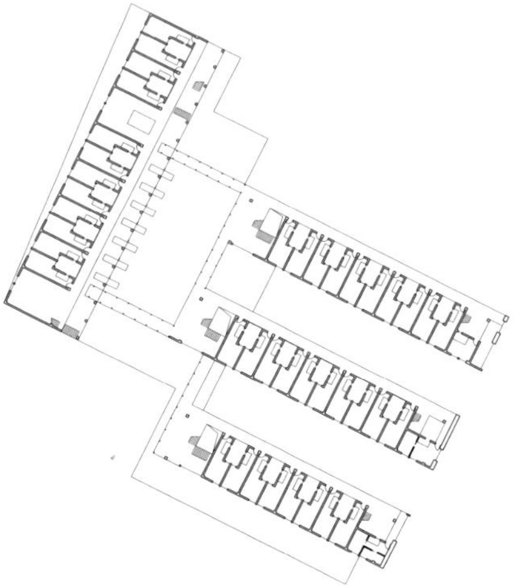

二层平面 1:1500

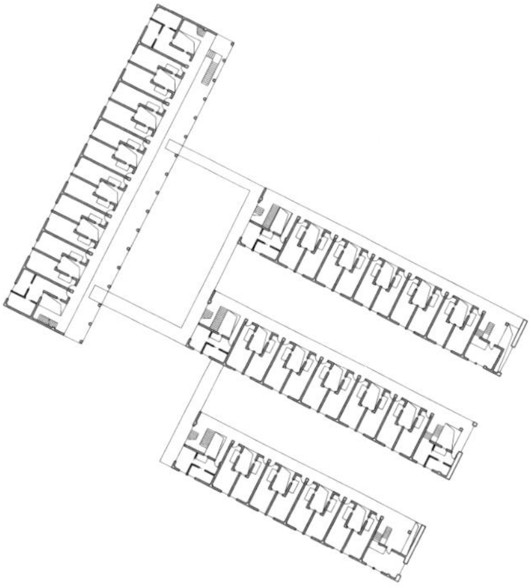

三层平面 1:1500

剖面图 1:500

公共层级的过渡

学生 / 房　玥
导师 / 王方戟

设计想为住户提供一系列可以依据不同层级而发生活动的空间，希望他们可以依据对象的不同——例如同一幢楼、不同楼层的邻居——而有不同层次的公共空间体验，在入户的时候经历从底层最公共的到最私密的层级转变。因此分设了几个不同层级的平台，住户的流线先从两边的楼梯上到中间的大平台，平台中间有一个可以供三幢楼住户使用的空间，从这个空间再分流到三幢楼，而每幢楼又单独有一个小的平台空间供这一幢楼的住户使用。同时，在平台的转角设置比较宽的直跑楼梯，试图将这种半公共的层级引到入户的地方。住宅与底层的上下关系是相互联系而不是割裂的状态，体量的变化在底层体现在三个最公共的院落，在上层体现在三个半公共的小平台。

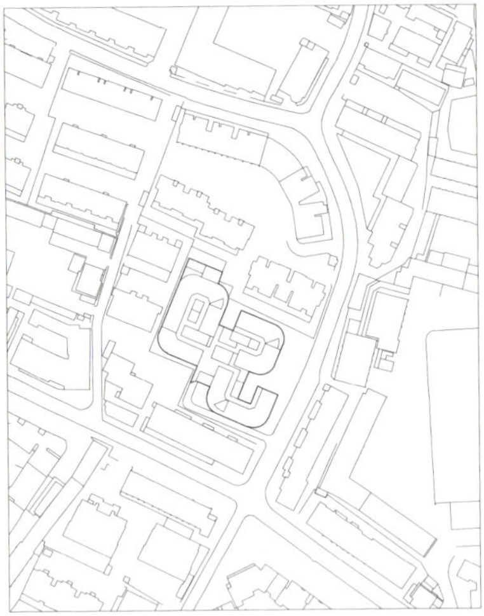

总平面　1:5000

首层平面 1:1000

L| 刘可南：这个住宅廊子部分的空间可以处理得更好一点。国外也有很多这样的例子，比如单廊住宅或是社会公寓，廊子旁边是房间，但有时候会在中间把交通空间拔出来，然后架桥跨过去，空间很高，感受很好，空间是比较积极的。你的处理方式好像是没办法了，所以隔离一下，有点奇怪，要再着重研究一下。

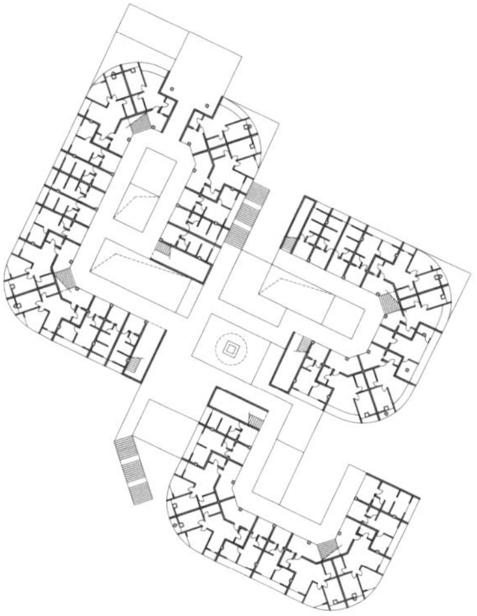

二层平面 1:1500

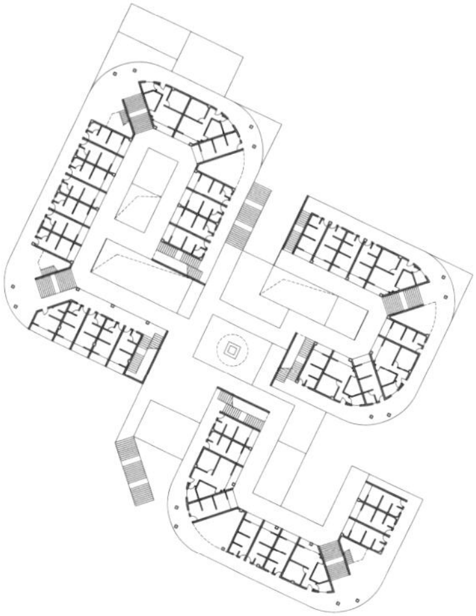

三、四层平面 1:1500

F｜范蓓蕾：这张图大概表达了你想做的这种感觉，特别有生活场景的“菜场上的家”。一层是小店铺，二层有个公共平台，阳台朝着内院。我觉得第一步你把它切成三个体块，这点很好，控制了你最终想要的尺度。二层平台处理得也挺好的，把住宅向后退，下面的公共性就出现了。我现在唯一觉得有几个地方要推进的，一是从你画的这个角度看，菜场这个院子会有些问题，开了很小的一个口子，像一个天井，而且你把这块整个平台都填满了。我觉得你很聪明，找了一个最舒服的角度绘画，但是这两个地方我觉得还是要再开放一点。这个院子做得最好，应该再想想里面两个。

W｜王骏阳：这个方案简洁明了，是个非常清晰的概念，形式简单，空间的尺度、院落之间的关系也处理得不错。我的疑问是在这样一个非常清晰的概念下，这块地方本来很错综复杂的矛盾好像都不见了。事实上菜场和上面的关系可能不会这么简单，看不见如何处理这样的关系，这就和这个题目的初衷相差较远。这个概念最初不是想简化，而是要强化这些关系，找出一个比较不一样的解决办法，所以我不知道你在做的时候是怎么考虑的。

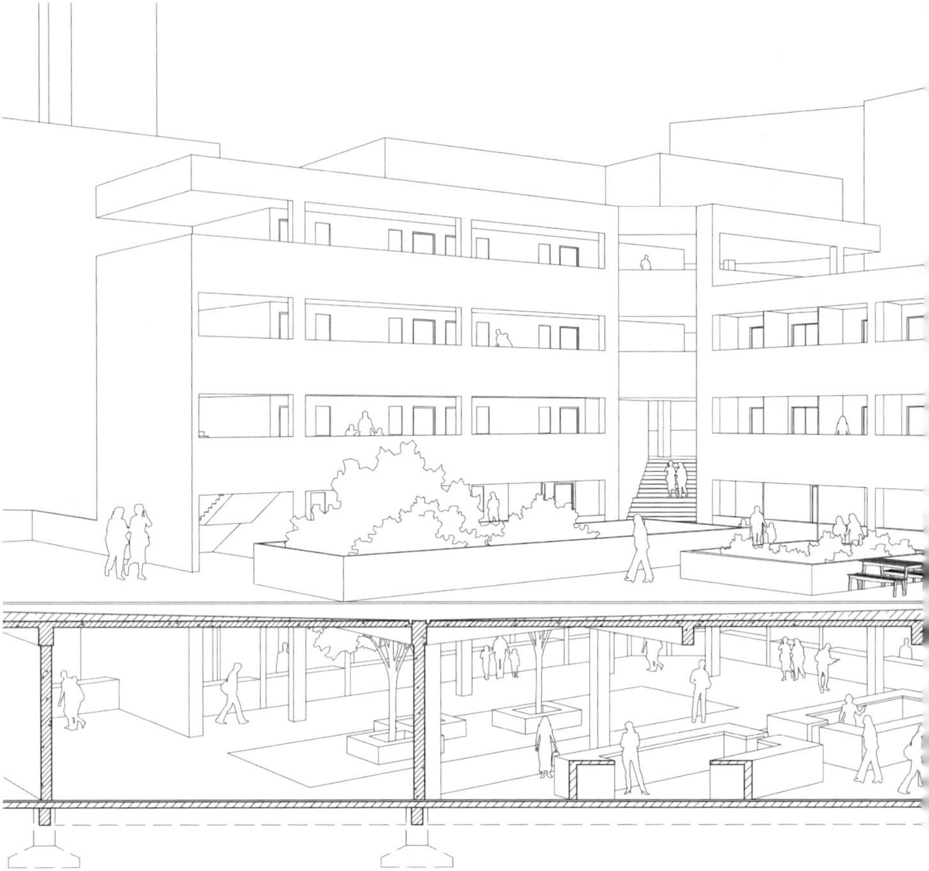

Z 庄慎：我认为最重要的地方是这个很有想象力的边界，这个边界的特征性远远大于中间的院子，内院就是自然通风，但是边界乍一看是很有冲击力的，可惜在处理手法上重心偏向了形式，没有仔细去利用。这个方案最有特点的地方是它有最长的周长。但是好像设计没有去深究这些特点，比如走廊究竟带来了什么优势。所以导致对公共空间的处理比较草率，找了最差的两个地方将住户引入，和城市完全没有关系。同学们在调研的时候都考虑了基地和城市的关系，但是一到设计就又忘记了。

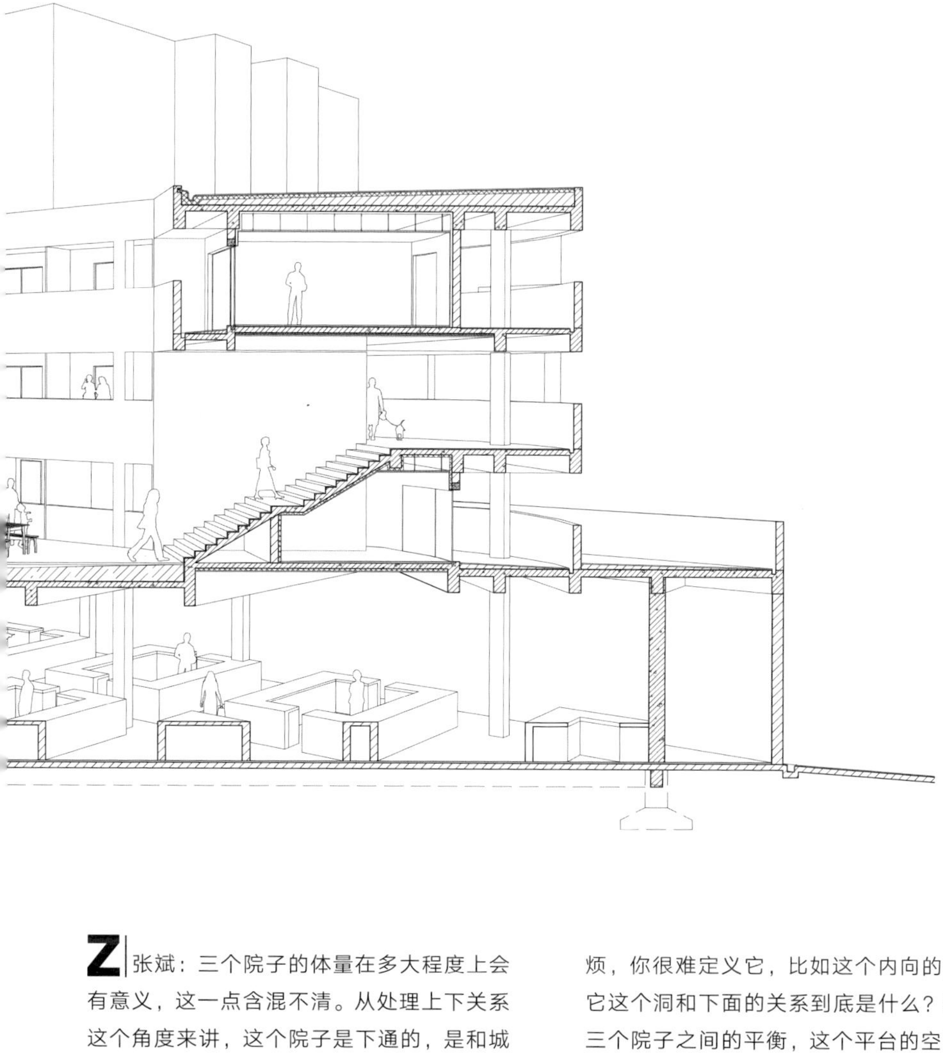

Z 张斌：三个院子的体量在多大程度上会有意义，这一点含混不清。从处理上下关系这个角度来讲，这个院子是下通的，是和城市连在一起的。这个空间虽然不大，但是一个可被外界感知的空间，所以它和内向的尺度是不一样的。那么另外两个空间就比较麻烦，你很难定义它，比如这个内向的院子，它这个洞和下面的关系到底是什么？还有这三个院子之间的平衡，这个平台的空间尺度明显比其他的大，但这个平台却最没有潜力。有点不是太清楚你的目的是什么，不知道它能产生什么作用。

漫步街坊

学生 / 顾金怡
导师 / 庄　慎

在上海的城市发展过程中，形成了有深度的、层次丰富的地块，为产生活跃而有效的公共空间打下了基础。设计从这一情况出发，试图探索一种模式——引入小的开放街坊，使得公共空间如毛细血管般渗入场地。设计打散基地的整体感，直接将城市街道引入小的巷道，由单个建筑组成街坊，并控制建筑形态，从而在基地中产生多个广场，使底层商业和菜场成为开放城市空间的一部分。菜场和小商铺面向街道或广场开口。走在街巷中，两边是热闹的买卖场景，试图创造“走街串巷”式的购物体验。对于住宅私密空间，本设计利用不规则的形态、层层后退的平台作为入户走廊。对于学生、单身白领等中低收入人群，设计提供经济集约的户型选择，在小单元空间内满足基本的生活需求。二楼有宽敞的公共厨房、公共洗衣房和公共浴室，提供便捷的服务。而对于大中户型住户，则是尽可能压缩公共空间，提供完整的内部配套。

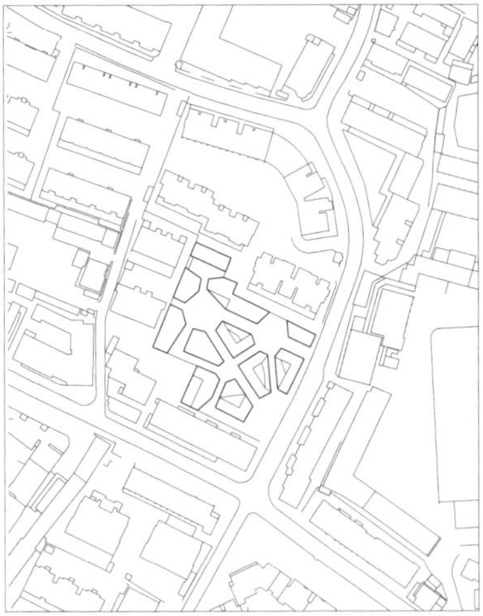

总平面　1:5000

首层平面 1:1000

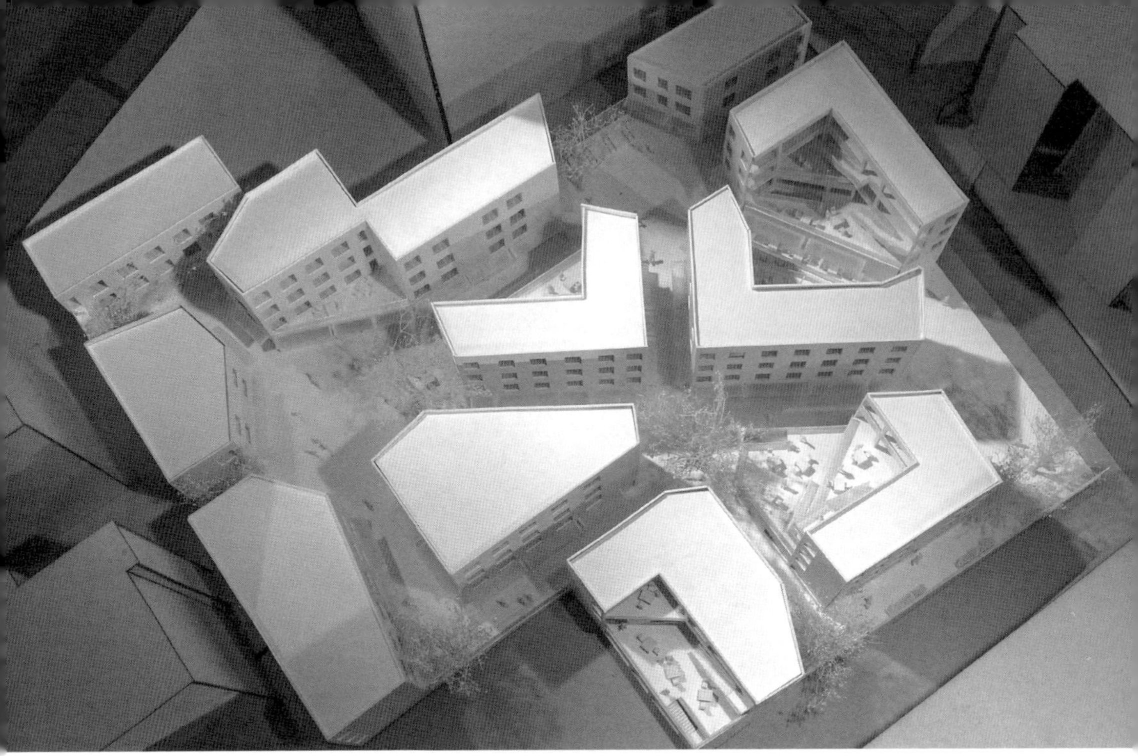

L 刘可南：整体城市策略是非常成功的，可以产生组织丰富的、有空间潜力的空间。但是策略在具体执行的时候，肯定会产生一些节点和路径，但是我没有听到你对它的判断，比如为什么这里要放大。我会关注公共空间怎么被使用，和这里的住户是什么关系，广场的使用方式是怎么样的，等等。现在广场的方案是有明确的态度的：把它打开，直接面对这栋楼。我觉得是挺成功的，旧小区的公共空间是可以相互看到，但也是相对包在里面的状态。

二层平面 1:1500

三、四层平面 1:1500

W | 王骏阳：你刚刚说了一个购物体验的问题，其实我也特别同意。我们现在城市建设常常把城市街道消灭掉，做一个大的小区，然后用围墙围起来，城市生活就不方便了。你这个方案的好处就是充分考虑到了这个情况，化整为零，形成了很多城市空间，营造出一种购物的体验。但是，菜场需要怎么样的购物体验？这跟南京路是不一样的，怎么把这个东西体现在你的设计里是非常重要的。沿街的菜场对街道的城市生活影响是非常非常大的，它不能形成城市生活的街道，而是纯交通的。这个方案的好处是，原来菜场是位于最里面的，要通过两条商业街把人引进去，在引进去的同时增加了商业的机会。如果反一下，把菜场移到外面来，在里面形成另外一种商业街，可能是有优势的，因为里面不是消极空间，而是一个城市空间。

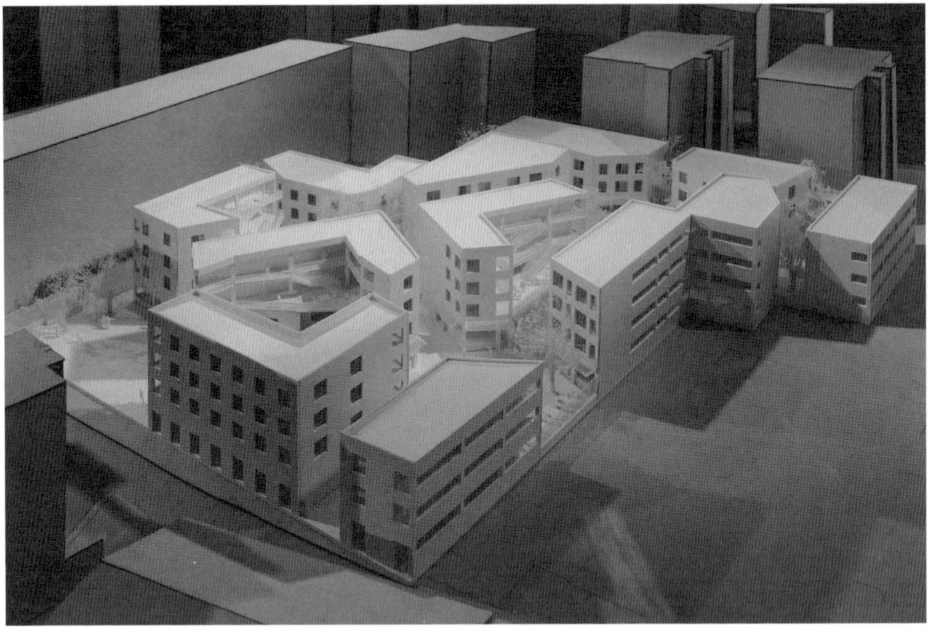

F｜范蓓蕾：这个设计我个人是很喜欢的。我一直在想是什么打动了我，首先她用一个很简单的动作从城市设计上切出了街道和广场，这些街道有自己的回路，对于端头能产生期待，然后可以很自然地出去，也有一些不经意的打断。我觉得很妙的是每一个街道都是被打开的，不像很多同学周围围墙直接堵死。你站在任何一个街道，会看到远处的树，或者栏杆，然后后面还有更深远的空间，整个场地是很丰富的，尺度也很舒服。如果是我自己做，我肯定会思考这些界面是不是太封闭了，我怎么能让它更有多样性、更开敞。这个同学的做法我是完全想不到的。其实一个设计找到了自己解决问题的切入点，这个点还有一些感性的可以打动人的东西，好像就很完整了。而且它每个街道感觉都是不一样的，这个是围合的，那个拐角却是放开的，每个广场好像都因为这个动作变得不一样了。

Z 庄慎：这个设计里面，有一个想法我还是挺赞成的，就是对于城市界面的处理。她之前想处理得稍微实体一些，显示出领域的边界，有某种“拒绝感”，她认为这种做法反而可以更加“城市”，不是一个让人感觉非常内在、一个只有熟人才能够进入的空间，当时我觉得这样的一个选择还是挺有意思的。平时我们要是碰到非常丰富的地方，你钻进去的时候，很容易被识别出来是外来人。因为你进去无所适从，人家一看就知道你不属于这里，这样的社区内在感就特别强。而在这个方案里，城市界面的选择是中性的，甚至有点对外拒绝的，我觉得这个想法挺好的，这个判断是个主观选择。

街道的延续

学生 / 华心宁
导师 / 王方戟

周边的城市街道尺度适宜，两侧商业的步行性很强，设计想延续这种氛围，于是在水平方向上向基地引入三条街，分别是主街、美食街和菜场前街。主街的氛围及尺度与城市街道相似——两侧商业、上面居住、有行道树，呈现一种欢迎的姿态引导居民进入，也能使人感知内部菜场空间。菜场前街、美食街和主街都向沿街面直接打开，使各个区块的可达性增强，且没有尽端商业。街道空间与上部住宅交通空间有一定的重叠与呼应，在公寓的走廊上行走就像走在远处的第二条街上，一定程度上能受到热闹气氛的感染。二层平台的插入将住宅整体抬高了一层，一方面满足了底层美食街和菜场前街的街道高宽比需求，另一方面将住宅与商业一定程度上隔离，使街道可以被感知但不会影响住户，同时平台也为住户与周围的居民提供了丰富的公共活动空间。北侧的社区活动平台如同一个小舞台，补充了基地周边稀缺的公共活动空间。南侧是美食广场用餐区，最南端的绿植小平台也承担了公共餐厅的功能，花园西侧是公共厨房。

总平面 1:5000

首层平面 1:1000

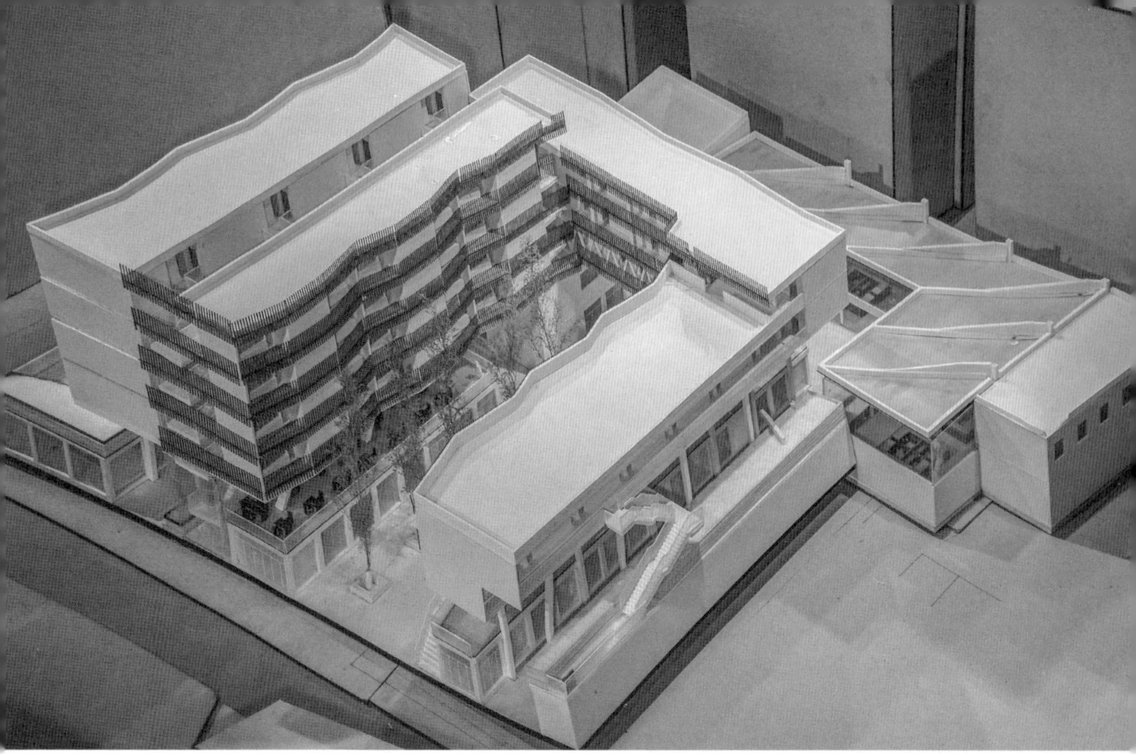

L | 刘可南：这位同学的设计有一个特别让我感兴趣的地方，就是整体设计表现出的成熟度和模型建构上体现出的心不在焉有一种不平衡。不只是模型，还有其他层面，比如结构，这个结构做了悬挑和桁架，但是桁架和柱子完全不对位。另外我想问，你做这么大的模型，花了多少时间，这段时间到底推进了多少设计？我觉得整个设计的精华用小一倍的模型完全可以体现出来，学生制作表现模型其实也是一个推进设计的过程，最后可能通过一个局部大比例的模型再配一个小模型，这个设计就想清楚了，中期之后思考推进的力度不够。

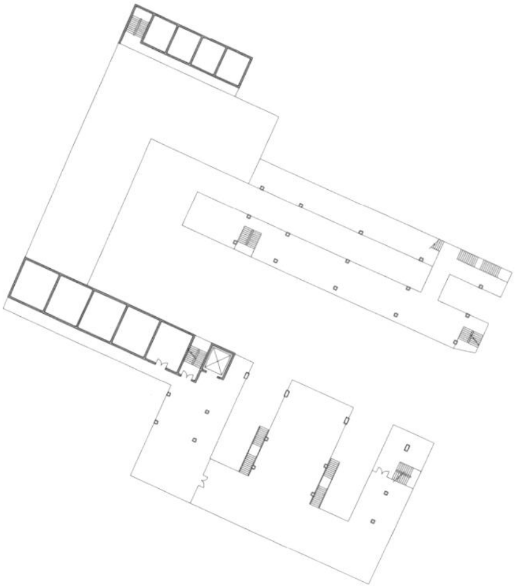

二层平面 1:1500

三层平面 1:1500

W | 王骏阳：思路非常清晰，考虑的问题虽然也够复杂，但是她用一种非常清晰的方式表达出来了，而且是每个解决方式都针对一个特定的问题。能够清楚地认识到功能的存在，让它们以一种清晰的方式组合在一起。比如说这两条街、这个院子还有中间这个菜场，每个都不是一个消极的空间。住宅和菜场这两种功能的叠加，大多数同学都是很简单的，下面一个上面一个。但这个同学在中间加了一个内容——挑空的空间，我觉得它的复杂性体现在几个清晰的水平分层上，使用一种很有逻辑的、清晰的关系来处理几个城市空间的功能问题。我感到有意思的是这里，住宅中间有一个廊子有连桥，关系处理得蛮好。我感觉是目前为止在平面和空间关系上最为简练和老道的一个设计。这个方案是有意识地退让和留出了一个平台，挤压了另一边的空间。做成了一个相对而言比较复合的设计，是比较有意思的。只是在冬天的话这里可能会处在阴影区里，起不到你想要的活跃的感觉，而且这一片面积也蛮大的，可能会被荒废掉。

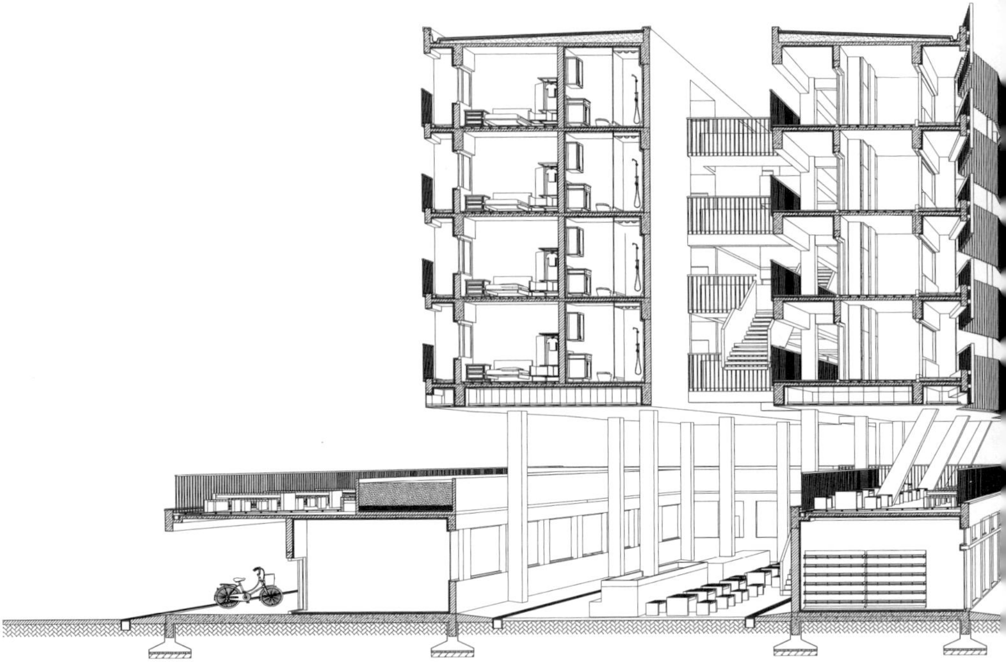

F 范蓓蕾：这位同学是目前为止把所有功能都想得特别仔细而且都找到了方式去应对的。她为菜场做了一个前院，菜场的这条路其实做了集中的考虑，把美食街做在了公寓下面，为美食街开了一些天窗，美食街的人坐在下面其实有一种半室外大厅的感觉。菜场前区的这种小店又有一些遮盖，风雨无阻。中间的这条街体现了城市公共性，对着这个端头的小广场为城市公共性又做了很多绿化。第二点很妙的是，很多同学为了把场地中央做松，公寓部分全部顶在周边，但是如果和周边距离太近，其实房间是不舒服的。她的策略是全部向里收，这样每个房间都很舒服，而且对高层的影响也很低，在布局公寓体块上也很合理。最后一个手法是上下的关系，通过二层架起的动作，让底层空间非常公共，同时让公寓与菜场有种天然的隔离，这种架起又为下部空间创造了机会，比如侧面采光、公共的休息平台。最后我觉得这个南面公寓的内走廊做得很巧妙。唯一有疑问的就是这个立面的竖线条没有特别的必要，当你做一些形式选择的时候，你要问自己，它一定要这样吗，它是不是最简单直接的结果。

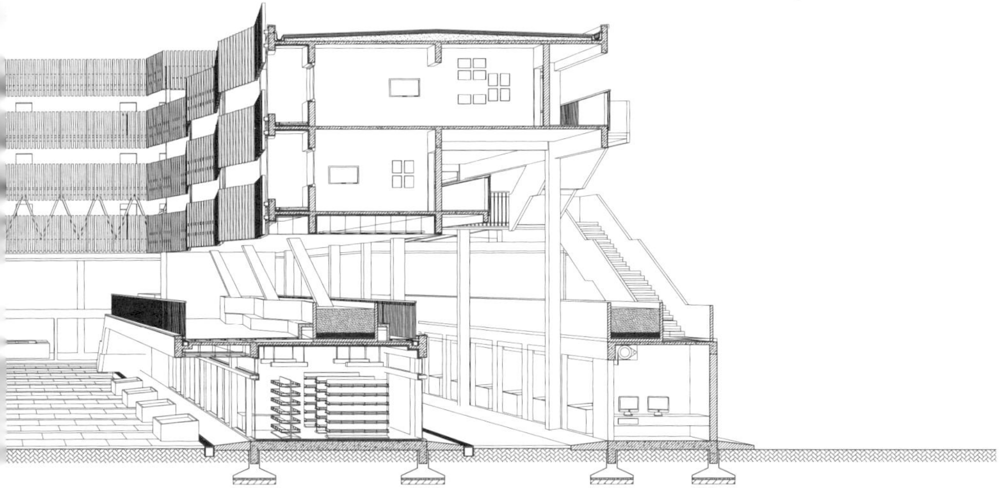

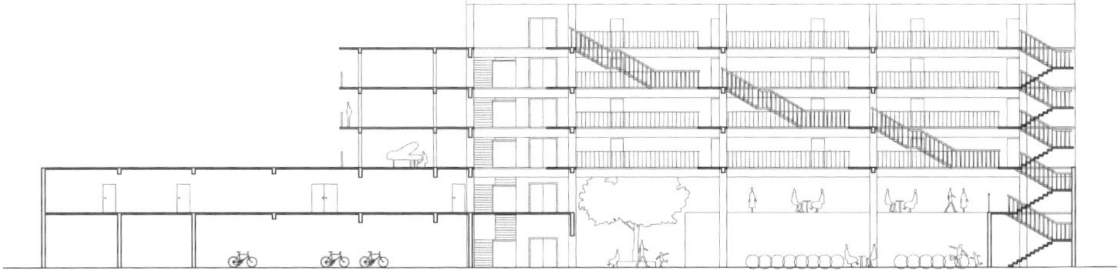

剖面图 1:800

多重边界

学生 / 黄于青
导师 / 庄　慎

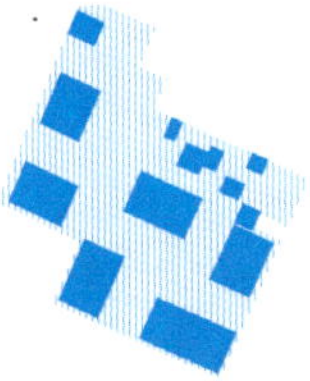

总平面 1:5000

通过打造一条与众不同的商业街激发社区活力和熟人社会的亲近感。商业街利用商业自身自由的特点和形态上大小各异、高低错落的效果，将附近的居民引入基地。商业街作为带动整个社区组织的关键部分，担任多重角色。商业与住宅之间放置社区配套服务，保证公共空间与私密空间的过渡和互不干扰。多重边界的含义是：第一重边界，开辟一条垂直于基地现有主干道路（西江湾路）的城市区域级商业街，利用商业自由、灵活的特点将日常化的、极具活力的生活氛围引入并辐射到整个基地；第二重边界，在空间上局部打破菜场隔间的墙体，消除清晰的边界，形成商业与菜场融合的关系；第三重边界是住宅的设计，遵从集约合理的原则，将社区服务一级的功能放在商业街和住宅之间，形成由公共到私密的过渡，形态上呼应商业街小体量的盒子，体现融合感。

首层平面 1:1000

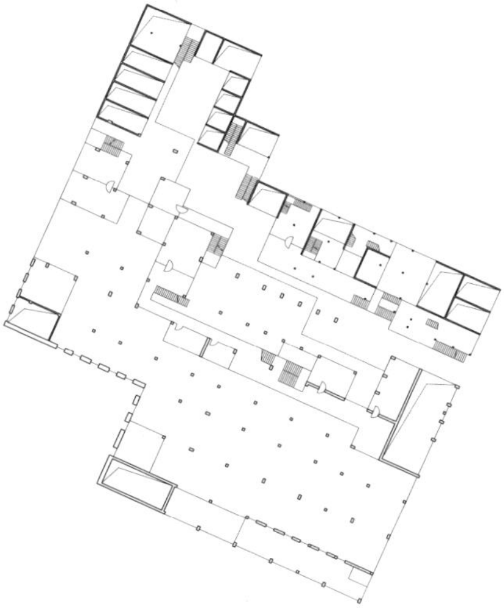

二层平面 1:1500

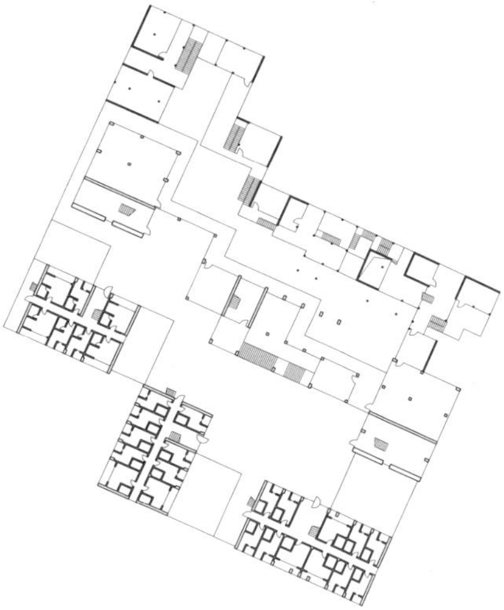

三、四层平面 1:1500

F 范蓓蕾：这位同学最大的特点是她从功能上去想这个设计。她希望可以做到和以前的菜场及商业不一样的模式，有点像东京的海鲜市场。这是一个非常有趣的开始，但是我觉得你还没有把这个想法做足，没有推进到更有趣的状态。其实这种店不是截然分开的，而是融合的。像二层的店铺已经有了自己的公共空间，那么这条把两边截然分开的室外街道还有没有必要？另外我觉得最重要的是要有一个合理的流线，大家可以在里面兜一圈再出来，有些地方可以放大，稍作停留。现在这些边界的处理都感觉不是特别有道理，应该想得更深入一点。

L 刘可南：形式感蛮好的，但是从结果来看，过于形式操作了。商业本身作为一个业态，如果它要存活，对于城市的要求是要具备相对高效的空间形态。你的商业空间和菜场特别蜿蜒，其实小吃会比菜市场营业到更晚，从城市策略和形式操作上有点不匹配。从城市策略上商业空间应该是比较简洁的，现在设计看起来是一个非常棒的小城市，但实际上商业存活会更困难，会阻扰生长发展。

COFFEE

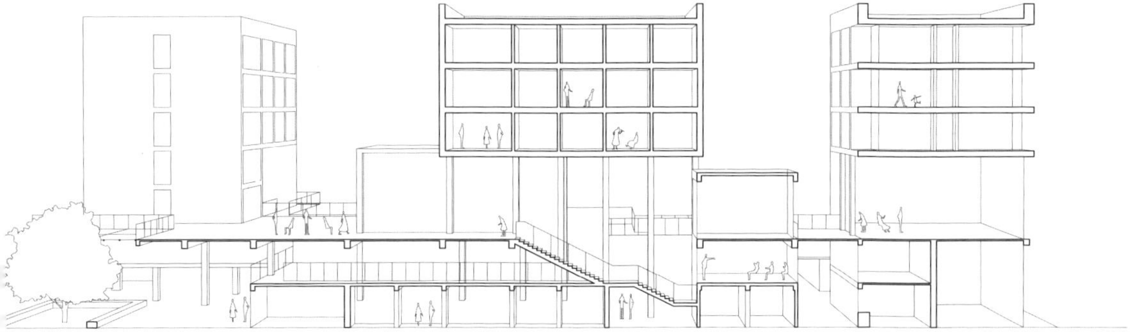

W | 王骏阳：在这样一个高密度基地中，一侧又需要与周围住宅有所呼应，设计没有很好地考虑与周围住宅的关系。似乎是从形式上考虑体块的排布，但事实上应该把周围建筑的日照、遮挡、对视等问题都作为设计的条件来考虑。而且公寓和住宅的要求是不一样的，没有对视的要求。

交互

学生 / 李墨君
导师 / 王方戟

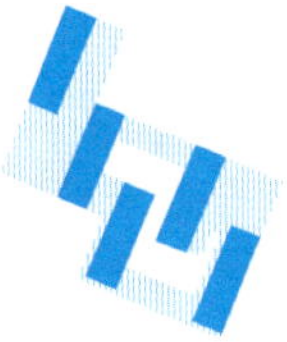

在现状调研中发现，中广菜市场、美食街、白领公寓均由同一经营者统一管理。由于菜场处于远离街道的尽端，难以到达，经营者采取了商业街这一手段作为买菜的必经路线，缩短这一漫长流线给人带来的心理距离，同时也为商业提供了间接客源。这一模式存在的问题主要有四点：一是商业街被作为买菜的强迫式流线，影响停留及用餐体验；二是菜场的氛围无法从街道上被感知，难以吸引客源；三是菜场与商业街界限过于明确，由一个场域进入另一个场域的感觉太过强烈，这也就导致了流线单一；四是白领公寓住户过于集中，平台分布不均且使用效率低下。因此，在菜场与住宅综合体中，我试图用“交互”这一概念建立起一种新的商业使用者与菜场使用者、住户与住户之间的关系。将菜场流线与商业流线并置，有意模糊其界限，在自由平面中实现商业与菜场功能上的交互。住宅采用条形体量在正交方向上搭接，以堆叠的方式等距离布置。重叠的部分上下贯穿，作为交通空间，同时不同体量之间形成有或无覆盖的平台，作为活动空间，实现不同住户之间的交互。

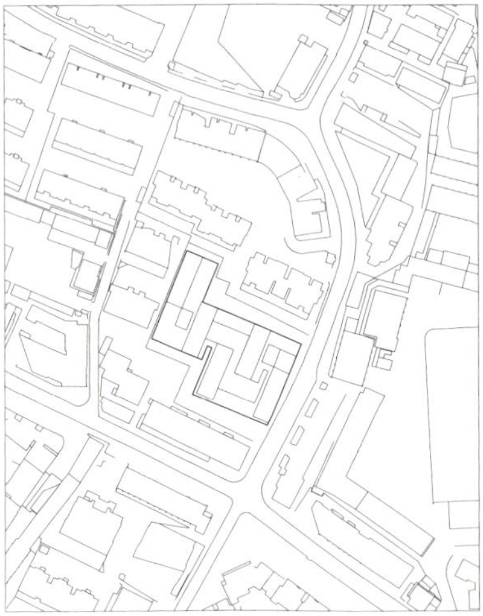

总平面 1:5000

首层平面 1:1000

W | 王骏阳：我对这个方案屋顶平台的功能性有点疑问，面积有点过大了，不知道怎么使用。东西向是可以做的，因为公寓对朝向并没有要求。但是一旦你做了东西向，怎么把东西向的可能性发挥到最大，这是需要设计师思考的。

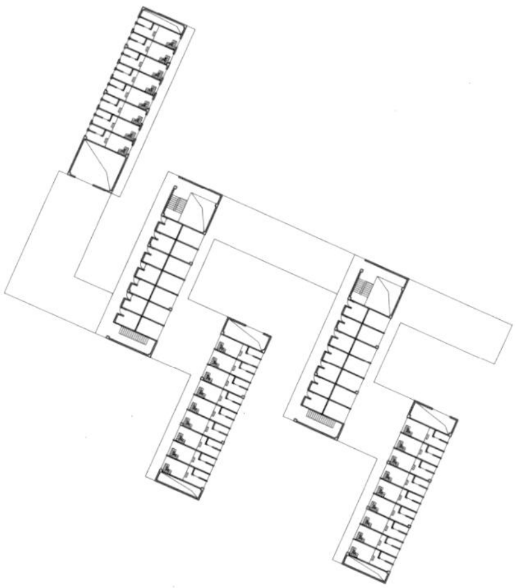

二层平面 1:1500

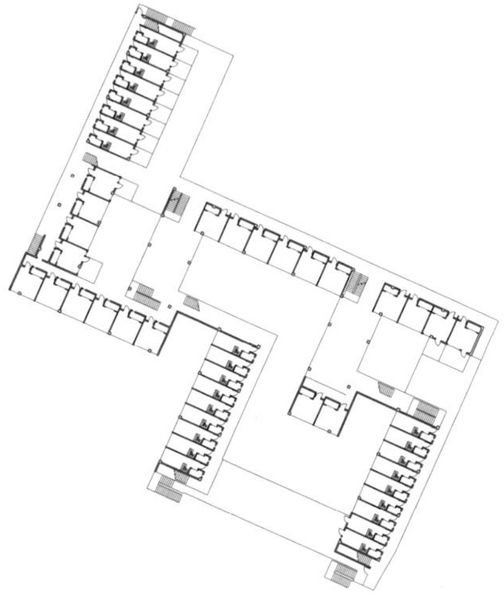

三层平面 1:1500

F｜范蓓蕾：每一个设计做到最后，尤其是模型做完后是能看得出它的调性和想要表达的氛围的。这位同学用一个很简单的方式，营造了一个宁静的、属于这个社区的环境，这个意图我是能感受到的。模型也做得挺好，山墙是一块整板，哪块板压住哪块板都比较合理，整个模型看起来比较舒服。

L｜刘可南：这个方案我觉得蛮成熟的，动作不是太多，但是都比较有效。通过旋转 90° 这么一个动作，在三维上把一个整体空间切成了几个不同大小的公共空间，室内空间也考虑得比较多。但是有一个问题，基本上这个手法是一个模式，在任何基地似乎都适用。所以我想它和现场的匹配度可不可以做得更好？首先是朝向问题，其次怎么和周围的关系更加紧密，在你的设计里面这些应该是可以实现的。

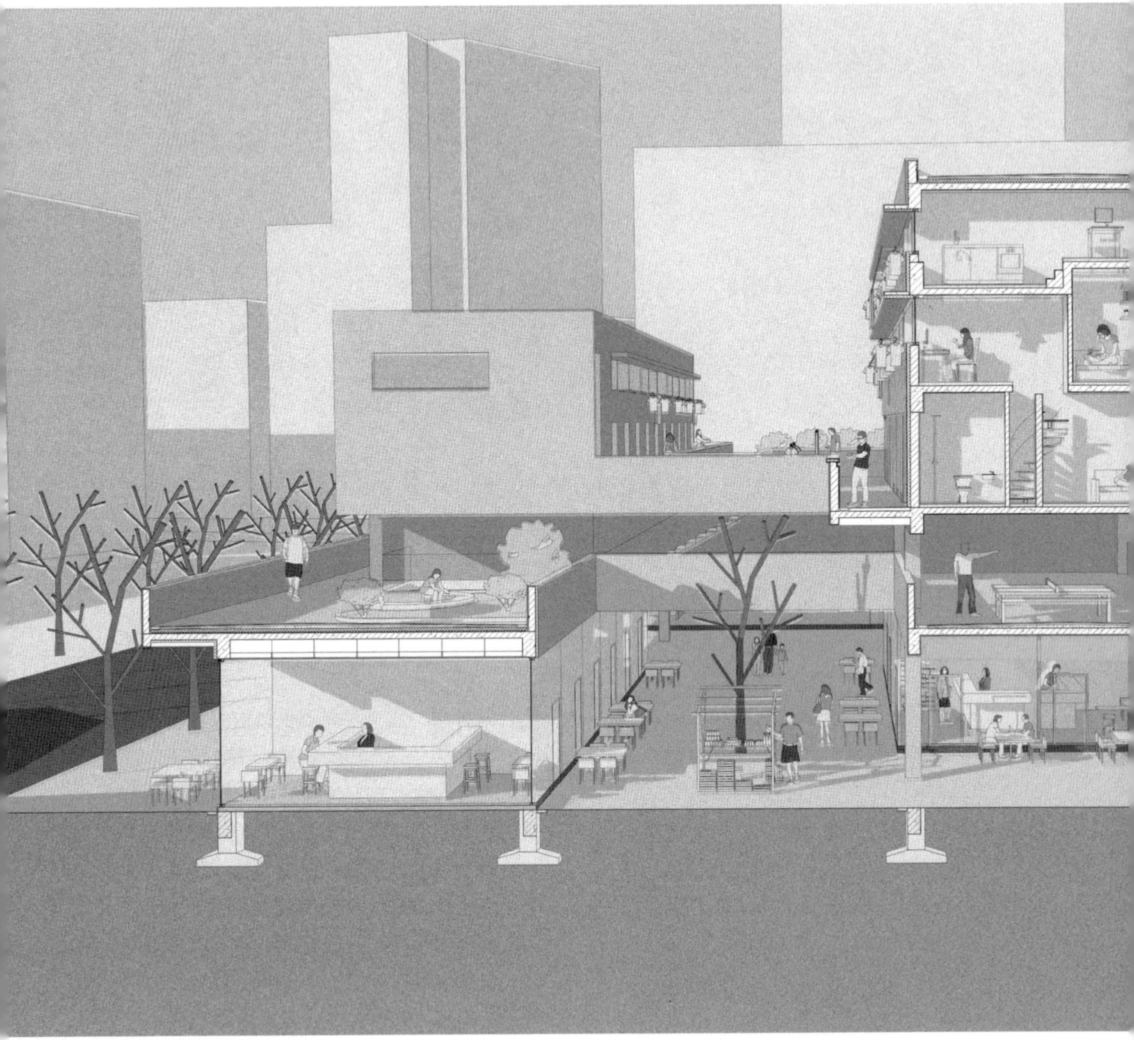

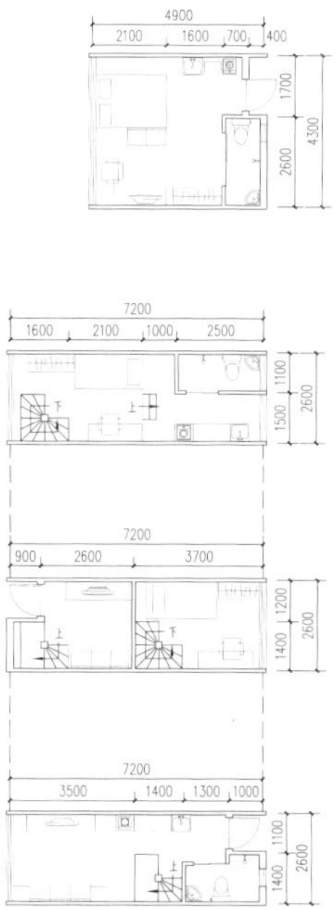

图 1

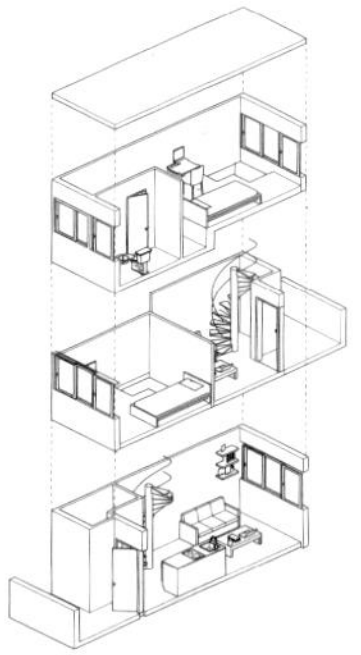
图 2

图 1　公寓平面图
图 2　公寓轴测图

分享

学生 / 李云宏
导师 / 王方戟

设计希望从在场地中创造一处开放的广场出发，使得白领公寓、菜场、商业街及基地周边的市民都能以自己的方式共享空间，获得更好的生活品质。周边稀缺的广场吸引着周边的人群，为菜场和商业街带来消费的可能。同时，菜场和商业街为广场中活动的人们提供服务，增添了公共空间的活力。白领公寓中的居民也享受着广场空间带来的轻松与自由。布局上，商业街沿西江湾路放置在广场外侧，菜场作为目的性空间布置在广场内侧。白领公寓则放在菜场及商业街的上方，围绕在广场周边。菜场上方的公寓抬高，以减少菜场对居住的干扰。楼上的公寓通过直接与广场相连的门厅建立起住户和广场的直接联系，此时的广场仿佛变成了公寓的入户花园。不同的人群以各自的需要使用着同一个广场空间，既避免互相干扰，又各得其所，提高了空间的丰富性与效率。这便是城市和个人的分享。

总平面 1:5000

设备间
管理办公室
肉类
水产禽类
蔬菜
公共厕所
仓库
公寓门厅
商铺
超市
公寓门厅
商铺
活动广场
副食
水果
垃圾站
商铺
公寓门厅
商铺
超市
商铺
西
江
湾
路

首层平面 1:1000

W | 王骏阳：我们的这个菜场，它是一种商业，但又是一种特殊的商业业态。它跟普通的商业，比如商店、餐饮及其他的商业业态是不一样的。其实在欧洲城市也有两种商业业态，一种是沿街商铺；还有一种例如巴黎的 bazzar，是在一个大空间里卖菜，它是一种市场。这个菜场我认为是一种市场，它不是一种普通的城市业态。比如像这位同学的菜场，沿着中间的广场布置，但是菜场到了下午六点多钟可能就关掉了。这个时候广场可能就变成了一种很怪的状态，没有人活动。

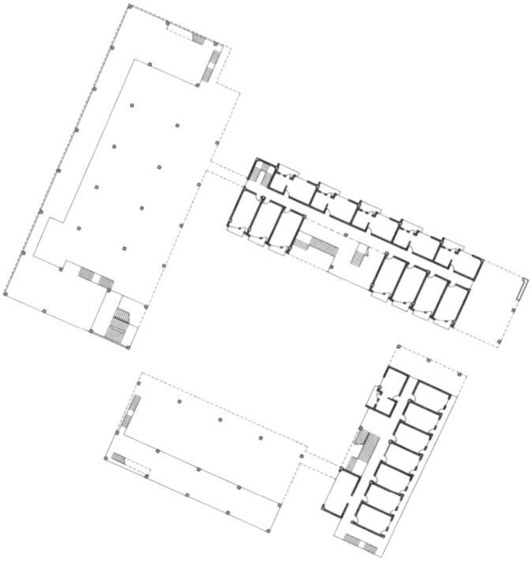

二层平面 1:1500

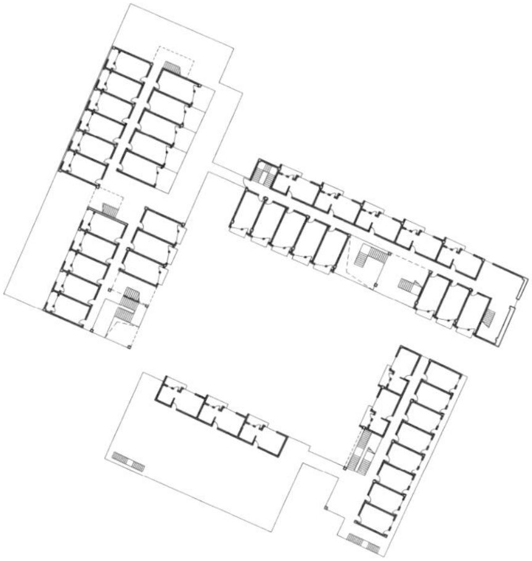

三、四层平面 1:1500

L｜刘可南：你说的分享，是三种人在这里分享一个广场空间。我觉得在这个层面上，有关城市策略的事情不是一句话就能说完的，可能应该具体一些：什么样的人，是在空间上进行分享，还是在时间上错峰使用？这样思考才有可能给你这个方案接下来的发展指明一个更具体的方向。现在这个广场还是一种“疏”的状态，你创造了这个空间，接下来还要再做点什么事情，让这个分享变得有关系的介入。现在好像只是一个空盒子，等着城市自己来把东西装进去。

F｜范蓓蕾：我觉得是为了做一个很大的院子，把所有的房子都向周围靠，但其实这样做损失了公寓内部空间的品质，它们离周边的房子太近了。完全可以把这个院子做得小一点，把公寓往里移，整个基地做得再松一些。你损失了很多公寓房间，但我还是感受不到这个院子能为菜场和商业带来什么更好的东西。

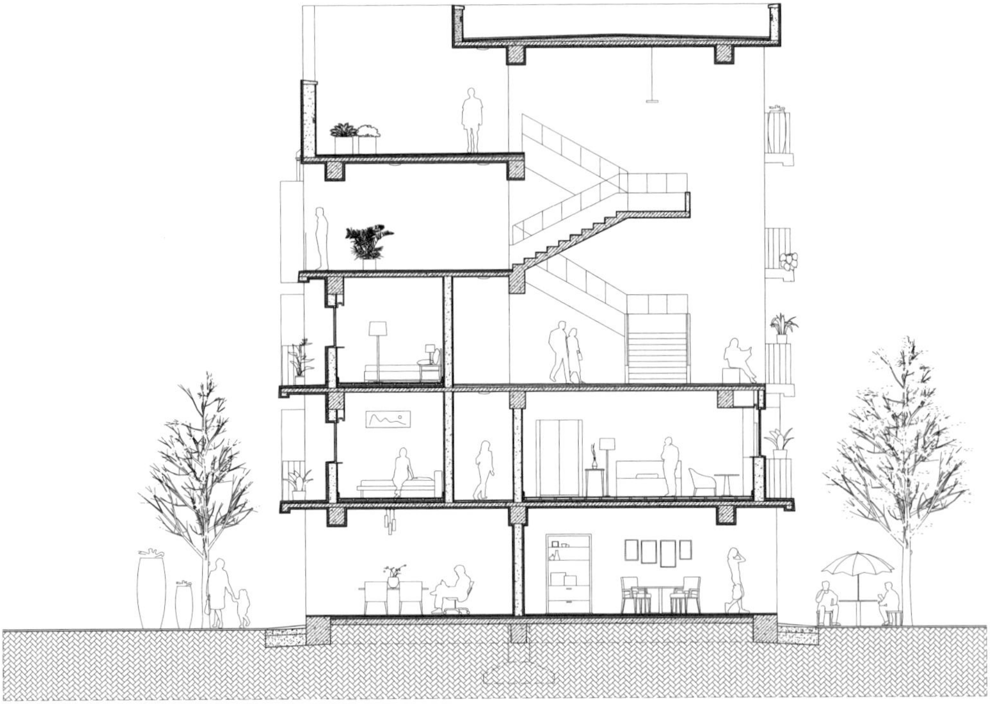

极数社区

学生 / 林　敏
导师 / 庄　慎

当下城市人口不断增加，城市空间日趋紧张。对于工作于市中心却无法在市中心扎根的青年人来说，其自身所占空间大小并不十分重要，如何在城市拥有一个家——工作方便、社区功能齐全才是最大的问题。设计从场地如何容纳下更多的居住人口出发，在公共空间与居住空间尺度的权衡下，选择了2.2 米的模数方格，模数化的控制隐含着结构与功能的均衡分布。结构配合单体居住的完整性，选取了片墙承重体系。同时模数方格又产生许多变化，与场地、内部空间、功能、形式、户型相对应，诸如走廊的变异、节奏感，以及六种不同尺度户型的组合。设计通过极小模数网格的安排，试图探讨微型社区在场地的可能性，创造包括走廊空间、平台空间、公共阳台、厨卫等在内的丰富有趣的公共空间生活。在菜场与商业部分，设计试图将两种业态融为一体，将商业街引入菜场（解决基地进深问题），菜场包围商业街，同时在住宅入户的商业街处安排社区性商业，在平台上设置过渡性社区商业，降低“小菜场”对家的干扰。

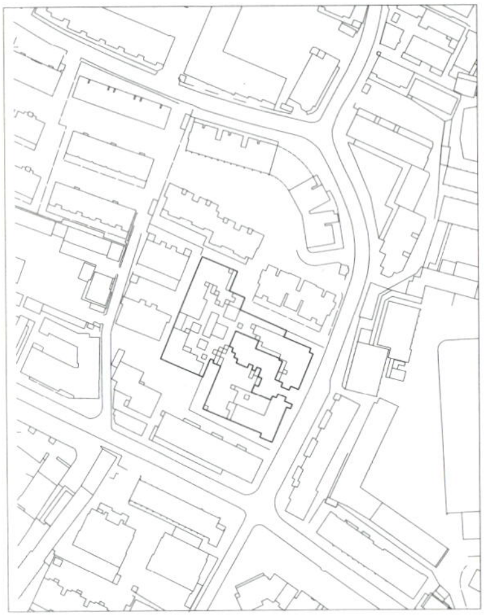

总平面　1:5000

首层平面 1:1000

W | 王骏阳：有一种为了复杂而复杂的感觉，更多的是形式上的复杂。这个课题对于你们来说是比较难的一个题目，要将几种城市功能组合在一起，处理他们之间的关系，形式上的复杂不是最重要的，重要的是如何处理功能内部的关系。

F | 范蓓蕾：2.2 米的面宽真的很不适合居住，3 米的面宽可能还可以，层高 4 米那就更不舒服。你把密度做这么高，是为了有 2.2 米的走廊，但你的走廊并没有给人们的居住带来新的体验，每个走廊都是暗走廊。

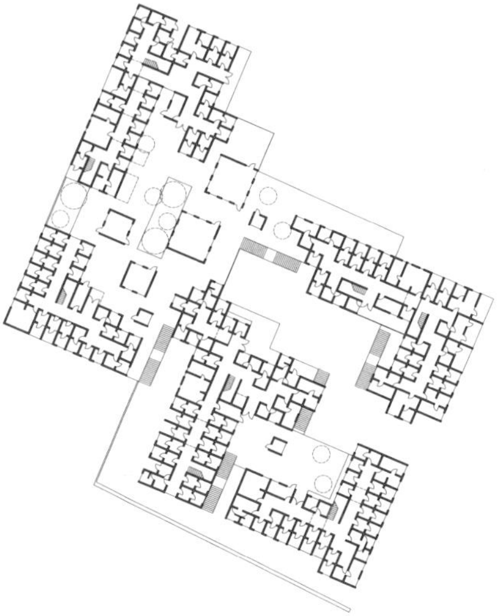

二层平面 1:1500

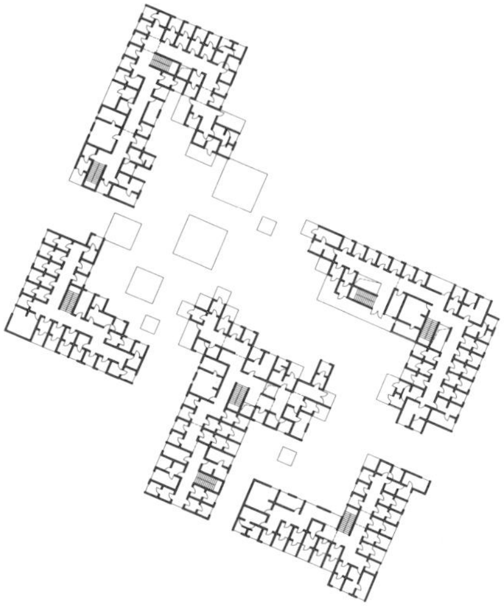

三、四层平面 1:1500

L | 刘可南：4 米给这个空间带来了什么，好像也没有一个回应。即使我们认定你的假设，比如 2 米是成立的，但这只是一个开始，在这个层面上整体单元化叠加的结果，空间组合之后相互之间的关系是你进一步要处理的问题。反过来在平面上提出 2.2 米这样一个极限的居住模式，你要在平面里面抠得特别深入，现在平面上缺少这样的东西。

Z | 庄慎：他反过来在提问这是一个怎样的菜场，是否能够提供更多的居住户数。同样的场地，这个方案比其他人多了 1/3 的户数，户数一多就会对基地产生压力，影响下层菜场的公共空间，所以他布置菜场平面的时候，将商业融入到菜场里去，希望像西方城市的菜场，可以容纳部分生活。4 米的高度是因为设计了组合家具，比如卫生间和下面的厨房可以叠合在一起，有的地方使用和休憩叠合在一起，其实在轴测图里有表达，考虑的还是比较仔细的。

切片的诗意

学生 / 刘斯腾
导师 / 庄　慎

在上海这样高度密集的大城市中，转进小街小巷，就能找到很多这样的场地，喧闹市井中的市场上方是无数城市低收入人群的栖身之所。设计试图探索一种可能性——在高密度城市的背景下，以行列式的建筑来同时构筑具有活力的市场、相对经济的住宅和高品质的公共空间。设计通过切片这一形式逻辑将较为封闭的地块切开，使得整个场地在有限的空间内获得更充分的“交换”。一方面，切片在场地中开辟街道，为菜场创造成倍增长的高效界面。菜场和小餐饮店弥散在街道之中，让底层成为兼具休闲体验的步行空间。空间的模式性使得市场功能易于变化，临街的业态与划分将根据市场需求变化而改变。另一方面，切片形式下规则排布的小单元住宅为大量年轻工作者提供低价、紧凑的居所，对住宅进行扭转以缓解密集住宅间可能存在的相互干扰。若干共享的功能和一个连贯的建筑屋顶将分散的切片整合，舒展的曲线屋顶成为周围规则住宅区中的一个变奏，如同城市上空为年轻工作者创造的乐园，让生活的节奏有稍许的停顿与诗意。

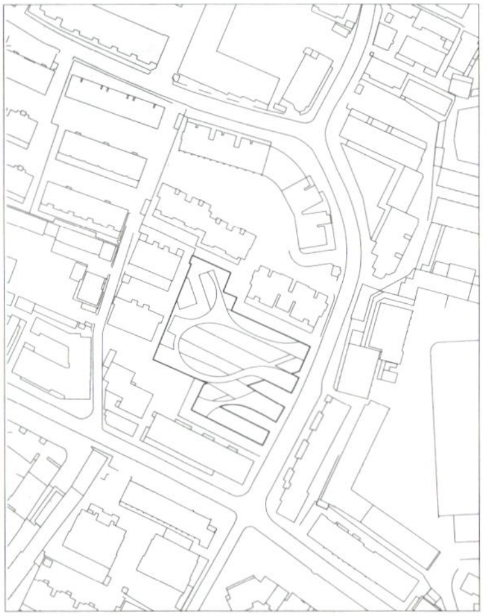

总平面 1:5000

首层平面 1:1000

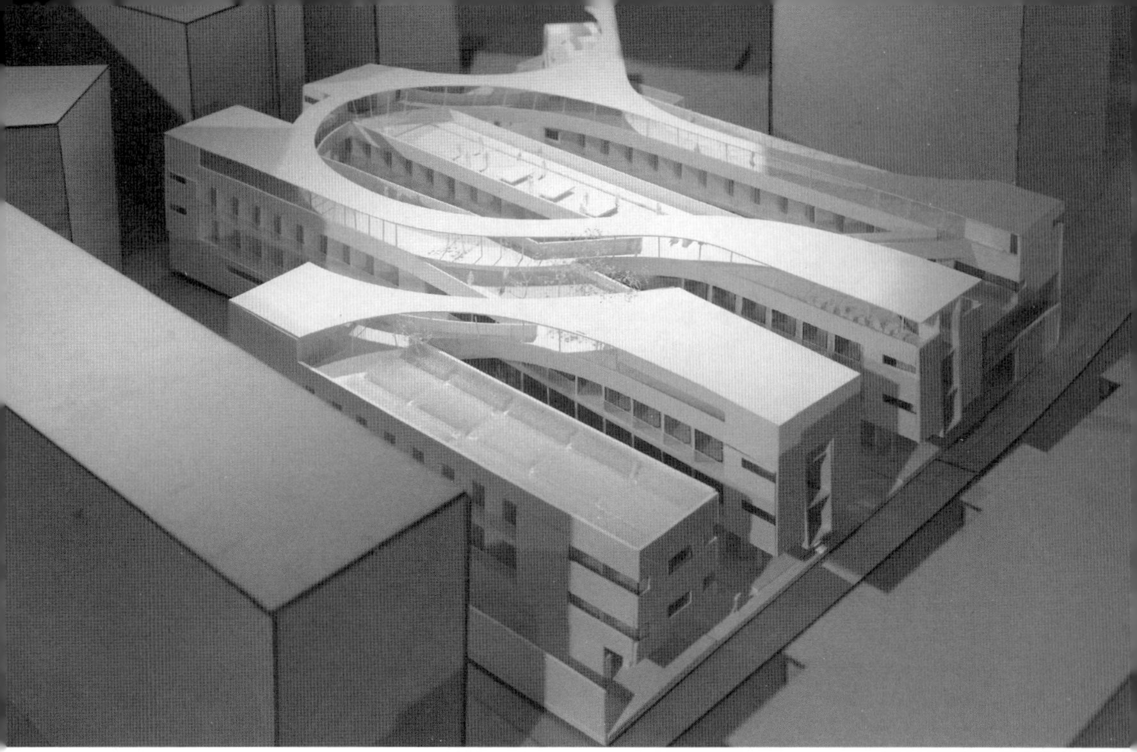

W | 王方戟：方案比较大胆，南北向四条住宅距离非常近。通常的住宅是不可能这样的，但是多排的公寓就可以，再通过扭转视线的方向来解决对视的问题。不过我不太肯定屋顶的形式，跟下边的关系不太明确。可能是个形式趣味、个人的爱好，我虽然不会这样去做，但是也可以接受。另外，如果屋顶有一些别的功能我觉得会更有意思。

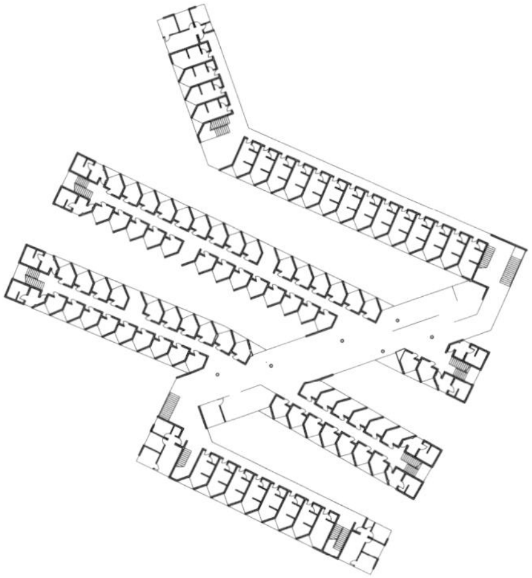

二层平面 1:1500

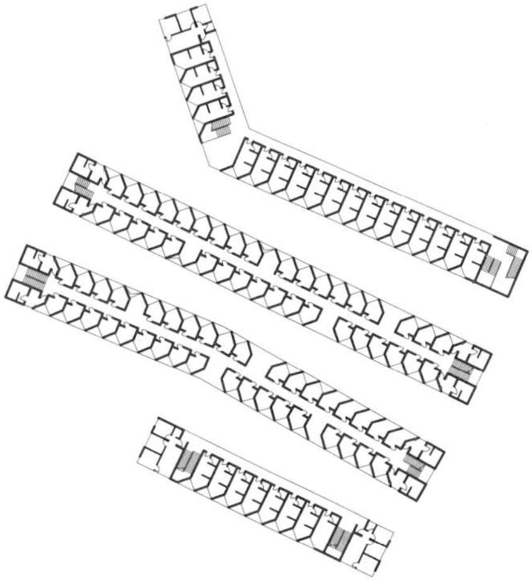

三、四层平面 1:1500

F 范蓓蕾：这个花园对高密度住宅来说还是挺重要的，让我想到柯布很多城市集合住宅到了屋顶就变成另外一种世界的感觉，而且用曲线的形式把它串起来，让人一到上面就感觉自由了，可以在各个屋顶跑来跑去。这也可能是你把密度压得很低的原因，获得了一个水平流畅的屋顶花园。另外她把这些楼轻轻地偏了一下，整个表情和姿态就完全不一样了，而且我觉得这四个界面也很帅。

L 刘可南：一下抓住我眼球的是沿街的这四个界面，都不一样，很有标识性。同时它有一种整体性，让人过目不忘，有一点点当年那些大师，像路斯、西扎或是罗西有的作品中那种城市人造物的感觉，这个界面我觉得特别好。

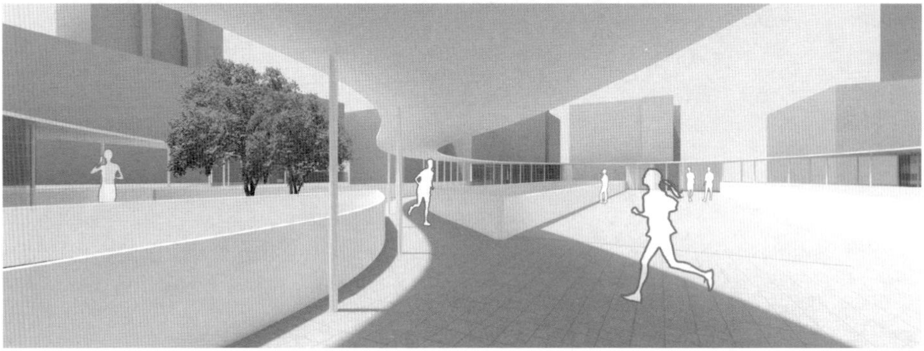

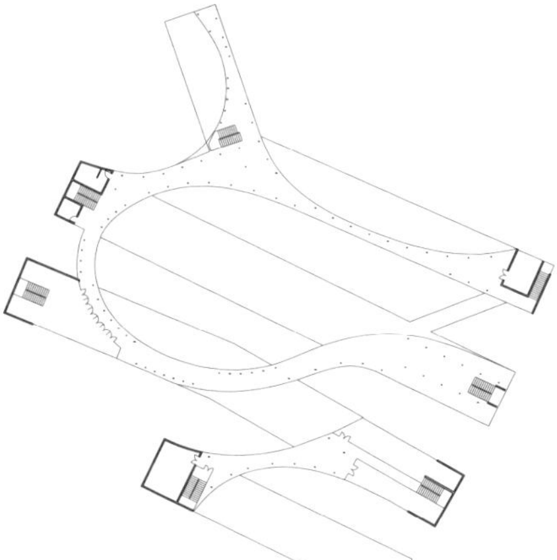

屋顶平面 1:1500

坡道菜场

学生 / 罗西若
导师 / 张　斌

菜场处于空间尽端，买菜需要穿过居住空间，对居住的私密性有一定影响。商业餐饮不够有活力，同时居住通风采光较差，独立空间较少，舒适度较差。根据以上几个问题，我的设计策略是将菜场放置在二层，将可达性更高的一层留给商业，同时跟场地的广场结合，增加活力。菜场采用坡道的形式，将目的性的买菜行为自然而然地引向二层。住宅采用独立住宅形式，位于菜场之上。线性的菜场和商业形成街道的氛围。商业与基地入口、后部三块空地结合形成入口广场、景观餐厅和儿童游戏场。同时在有街道感的商业中增加横向短路，方便通行。居住部分每栋为上下两层，设计三种不同的跃层户型，以适应单身白领、三口之家等不同人群的需求。通过平面错位布局减少居住的对视，使得每一栋都有除走廊之外的三个延伸面，增加了采光。独栋的设计使得住宅可以充分使用户外空间，二层住户拥有屋顶平台，一层住户拥有共享入户花园。

总平面 1:5000

服装店
早教中心
理发店
花店
咖啡厅
书店
早餐店
熟食店
观餐厅
外卖店
卫生间
餐馆
自行车库
垃圾压缩站
超市
餐馆
熟食店
早餐店
办公室
餐馆
面包店
自行车库
西
江
湾
路

首层平面 1:1000

W｜王骏阳：空间倒没有呈现均质化。在大多数城市，都是希望住宅是南北朝向的，但是公寓没有这个要求，是可以东西向的。但是如何使东西向的可能性发挥到最大，这个可能性是对整个项目都会产生影响的。这个同学的方案不能说是南北向或是东西向，它很密集，形成了一个特殊的关系，我觉得是挖出了它的潜力。

二层平面 1:1500

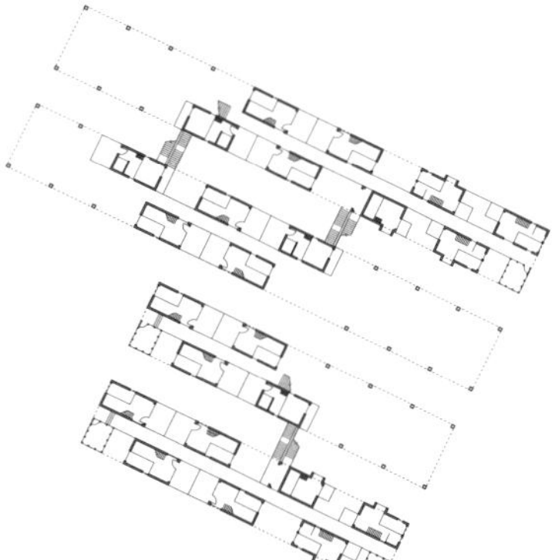

三层平面 1:1500

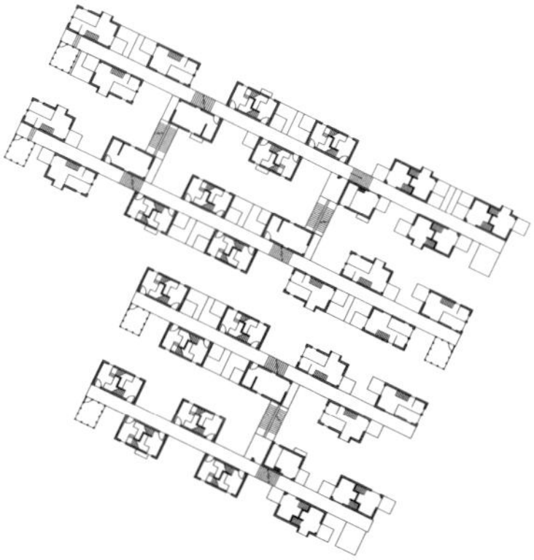

四层平面 1:1500

L｜刘可南：我觉得有一个流线的效率问题。你得设计一个非常好的标识系统，有的楼梯上去以后还要往下走才能入户，对于第一次来的人来说就像迷宫。空间本身是蛮有意思的。

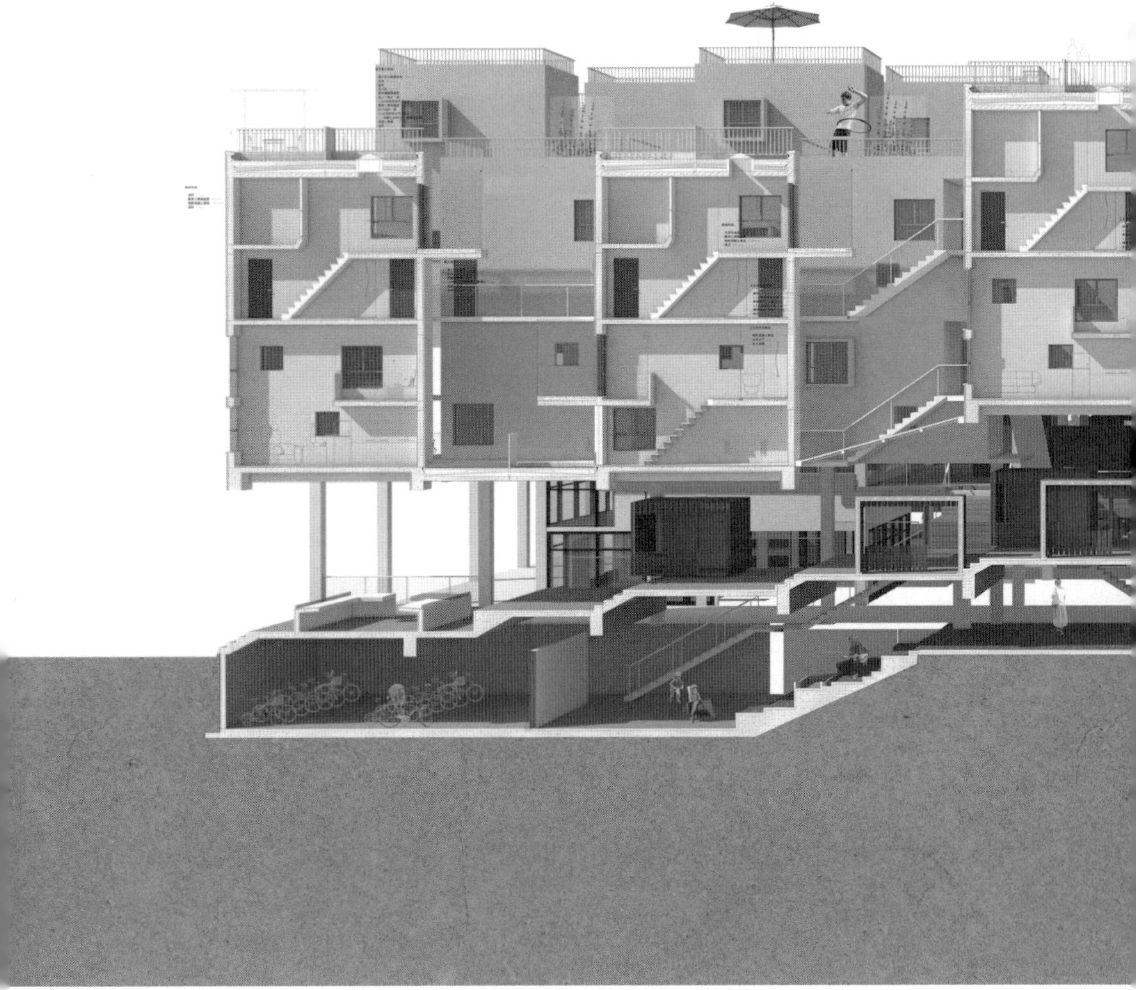

延续

学生 / 邱雁冰
导师 / 王方戟

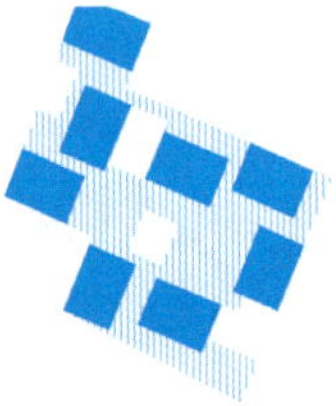

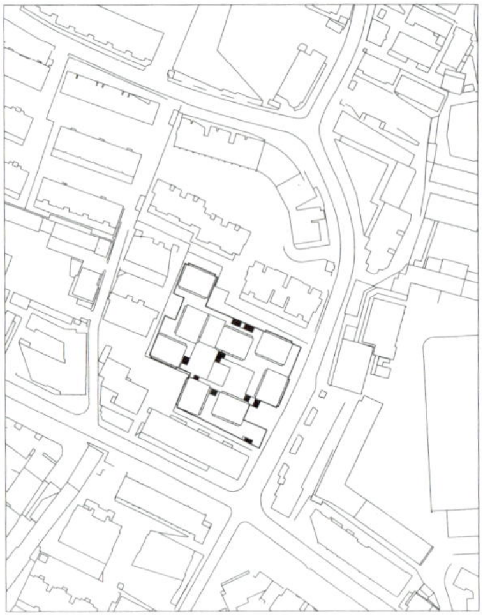

总平面 1:5000

方案的初衷是想寻求一种外部城市环境与内部社区之间、住宅单体与社区公共空间之间的更加紧密、相延续的关系状态，在不同方向上串联起各个空间，营造一种更强的社区感。菜场和商业位于底层，较容易实现与外部的延续感，底层体量上的凹进和挖空手法更加强了内外之间的延续感，不同层高和商业功能的错落设置实现了层和层的延续。住宅和公共空间的延续则相对复杂，在每一层之间制造一定的错动，把楼梯放置在错位所空出来的部分，便形成一种绕到高处的空间状态。由此在各层不同方向上挑出的形态会带来一定的结构挑战，所以住宅部分采用了墙承重的结构体系，每层的承重墙相互正交，并且与出挑的方向吻合，这样每层都是一个完整向外出挑的结构体。

首层平面 1:1000

二层平面 1:1500

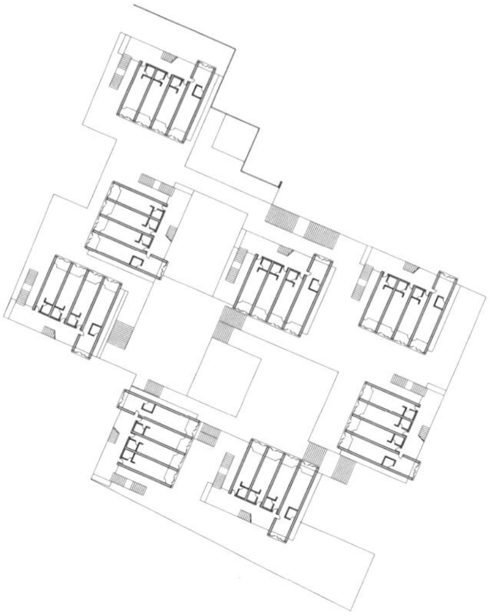

三层平面 1:1500

L | 范蓓蕾：其实有好多同学是这种类似策略的，先做一个大平台，然后住宅放在上面，但是我觉得这位同学做得比较好的地方是平台可以让人自由上去，通过这些平台逐步升高、错动，一下让底层的空间变得特别通透。二层公寓的公共空间和围合起来的院子很丰富，比起封闭起一个盒子再在立面上开窗洞，对室外空间、对城市的作用要更积极一些。这些格栅其实也让界面柔软了一些，变化多了一些。

W | 王骏阳：很有创意和想法，上边的体量和下边菜场的关系还挺有趣的。跟周边的关系处理得更好。

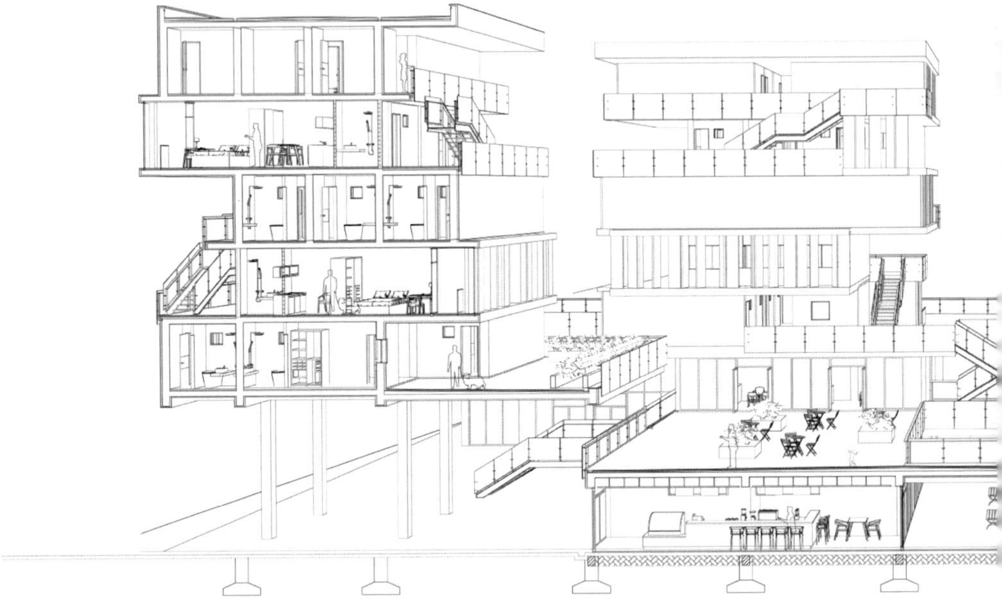

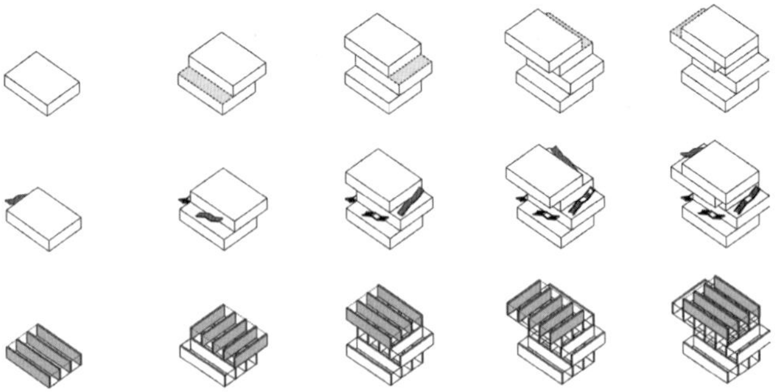

体量分析

交通分析

结构分析

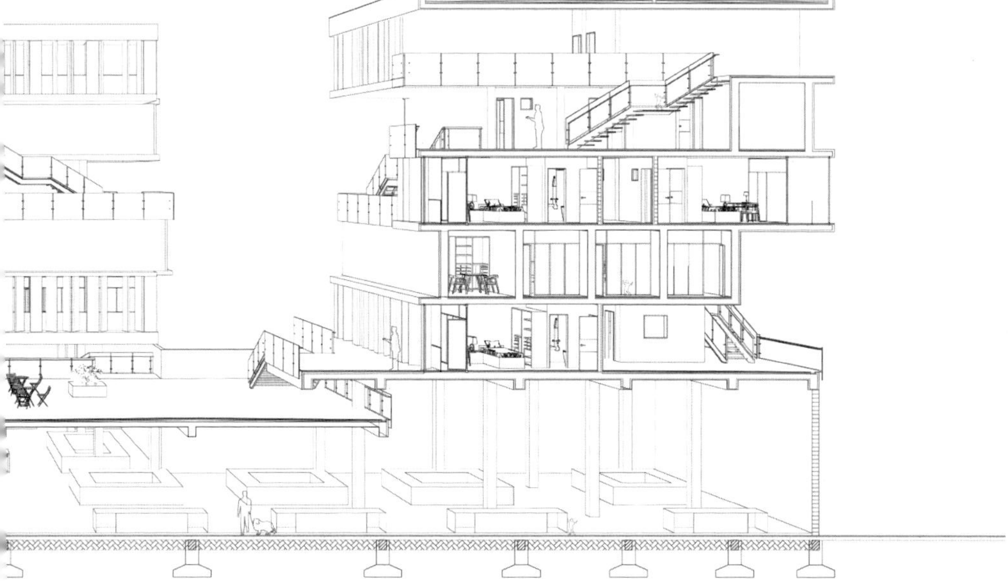

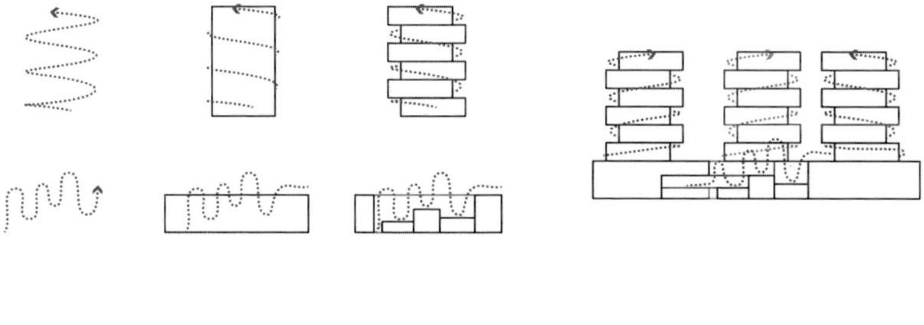

盒子

学生 / 汪　滢
导师 / 张　斌

许多过去被认为是“私有”的事物被作为半公共资源有偿使用，如 Mobike、Uber、Airbnb 等。建立在移动终端 App 和公民信用制度之上的租借行为更加可靠方便，这使得“公共资源”和“私有财产”之间产生了大片模糊地带，也提供给年轻租户一种新的生活方式。通过公共资源的形式，用户使用 App 按需取得特定服务。这些功能以“盒子”的形式存在，自成灵活的系统，并依附于稳固的建筑之上。盒子系统的多样性、灵活性可以较全面地满足创客、亚文化群体、创意产业工作者、自由职业者等群体的需求，这与本次作业将居住定义为“公寓”相契合。同时，这些多元的需求赋予盒子丰富多彩的状态。随着盒子的增加，盒子系统形成建筑的新立面。这一过程实质上是多元个体提供的丰富信息与类型学案例，通过建筑以实体向社会环境输出的过程。此时，建筑成为了一个媒体，为一些失声的群体提供话语权。另一方面，盒子系统本身也是对虹口区的自发搭建行为的再现与转译。

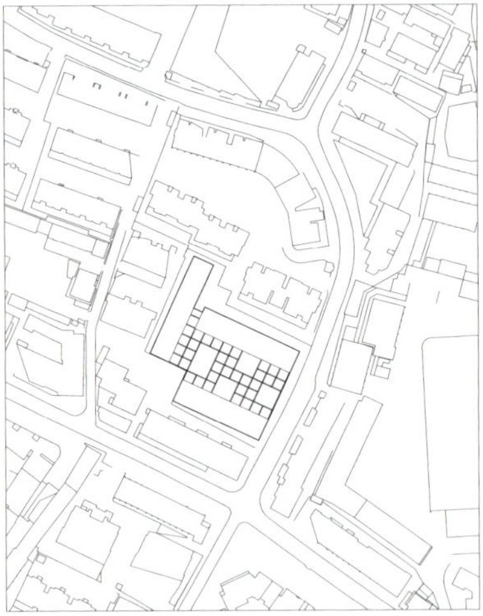

总平面 1:5000

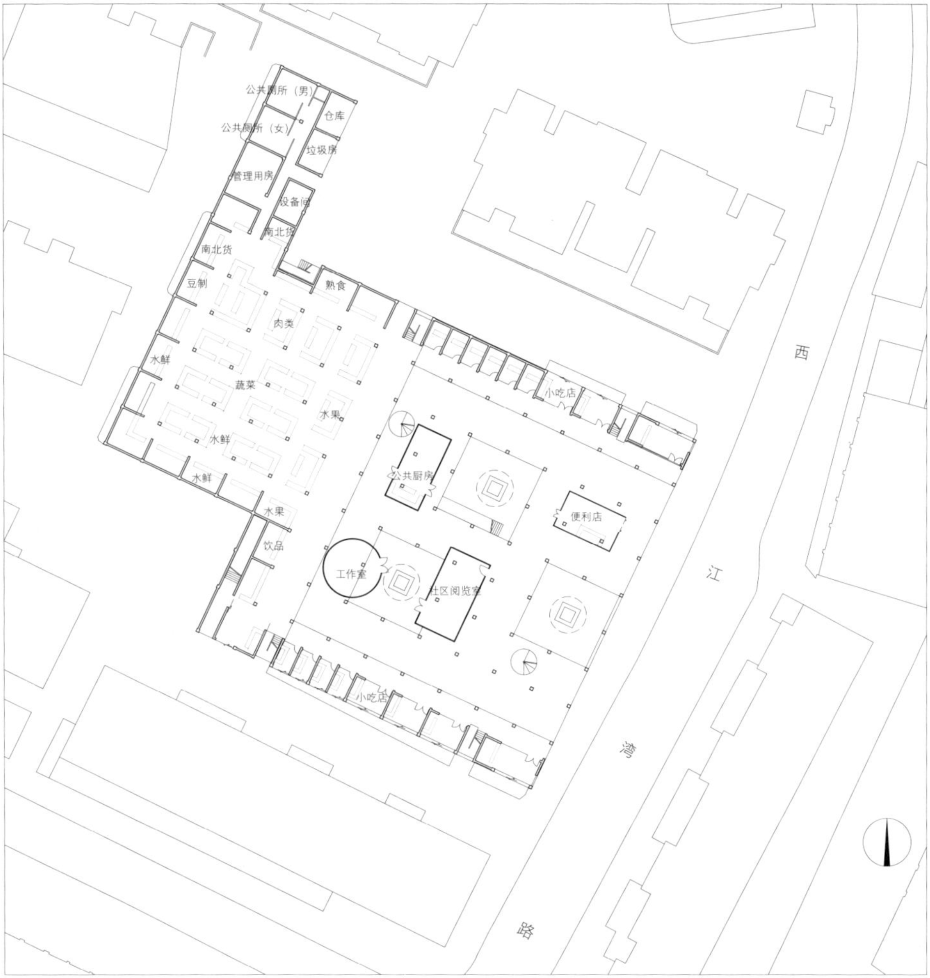
公共厕所（男）
仓库
公共厕所（女）
垃圾房
管理用房
设备间
南北货
南北货
豆制
熟食
肉类
水鲜
蔬菜
水果
水鲜
水鲜
水果
饮品
小吃店
公共厨房
便利店
工作室
社区阅览室
小吃店
西
江
湾
路

首层平面 1:1000

F 范蓓蕾：我觉得这个商业逻辑的前提是这些空间不想被长期占有，比如公园里的那些空地，平时没什么用，有需求的时候再摆个盒子。但是现在最大的一个问题，同时也是让你的逻辑不成立的问题是，当你的盒子不存在的时候，这些空间是浪费的。其实我觉得应该反一反，住宅面对中间的大院子，然后再做一个面向两边的外廊，外廊里放盒子给外面的人用，没有盒子的时候也是个不错的公共空间。这样就会使一些消极的空间有被再利用的可能。我觉得在前期做功能策划的时候，应该要再完善一些。

二层平面 1:1500

W | 王骏阳：要给你的框架提出更多的理由，或者说使用方面的理由，而不仅仅是形式上的。比如因为有这种框架的存在，所以将来会多很多使用上的可能，这样我是可以接受的。

L | 刘可南：一开始看到这个格子，就觉得这个切入方式是把建筑当成基础设施在做。就像是你的建筑可以让别人不断地填充。在这个层面上，这个格子才有意义。那么，这些格子就要为将要填充的东西提供某种方便。首先它可以是一个主体结构，填充物可以依附进去，次级的填充物就不应该是一种独立的结构了。如果你考虑到基础设施的话，那这些格子可以去追随管线等，这些东西可以为这个非常匀质的空间带来一种秩序。像西村大院，它有个像书架一样的体系，每个格子你随便往里面塞什么都可以，然后建筑本身呈现出一种像停车库一样的基础设施的特征。

Z | 张斌：这个逻辑总归有它的不严密性。运营逻辑通常是个宣讲概念，很难无懈可击。他一开始想要有网格，是因为觉得盒子可以像抽屉一样拉出来推进去。但实际情况并不是这样的，因为盒子不大可能吊装上去。这个问题一直让他去解决，但没能成功。另外，如果这个课题少 4 周时间，我认为是可以接受现在这种状态的。但现在这么长的时间里没有找到一种方法把这个问题用建筑的方式处理掉，是有问题的。

复合叠加

学生 / 王宣儒
导师 / 庄　慎

基地上现有菜场、商业、白领公寓，虽然空间利用高效，但其功能相互割裂使得居住与菜场商业截然分开，不能互相产生积极的影响。设计希望通过复合叠加建立新秩序，创造一个售卖、餐饮、运动、阅读、观赏多种场景交融发生的综合体。总体上形成菜场、商业和居住两者嵌套的环状空间布局。两层半室外菜场围绕庭院C形布置，形成内院，提供采光通风的同时，在平时可作为运功场地，周末则为创意集市、社区表演活动提供场地；主要入户的庭院复合了相对安静的商业，结合外摆区与景观共同营造适合交往、停留的共享空间；通过调整标高，将菜场、商业、住宅二层公共空间连接起来，复合跑道元素，创造出公共活动层；将居住单元压缩到最经济的面积，提高得房率的同时降低租金；通过大空间的公共设施如图书室、公共客厅、公共厨房提高居住品质。

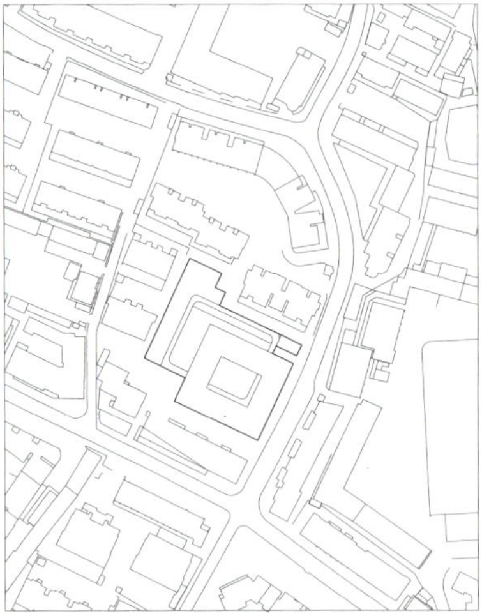

总平面 1:5000

首层平面 1:1000

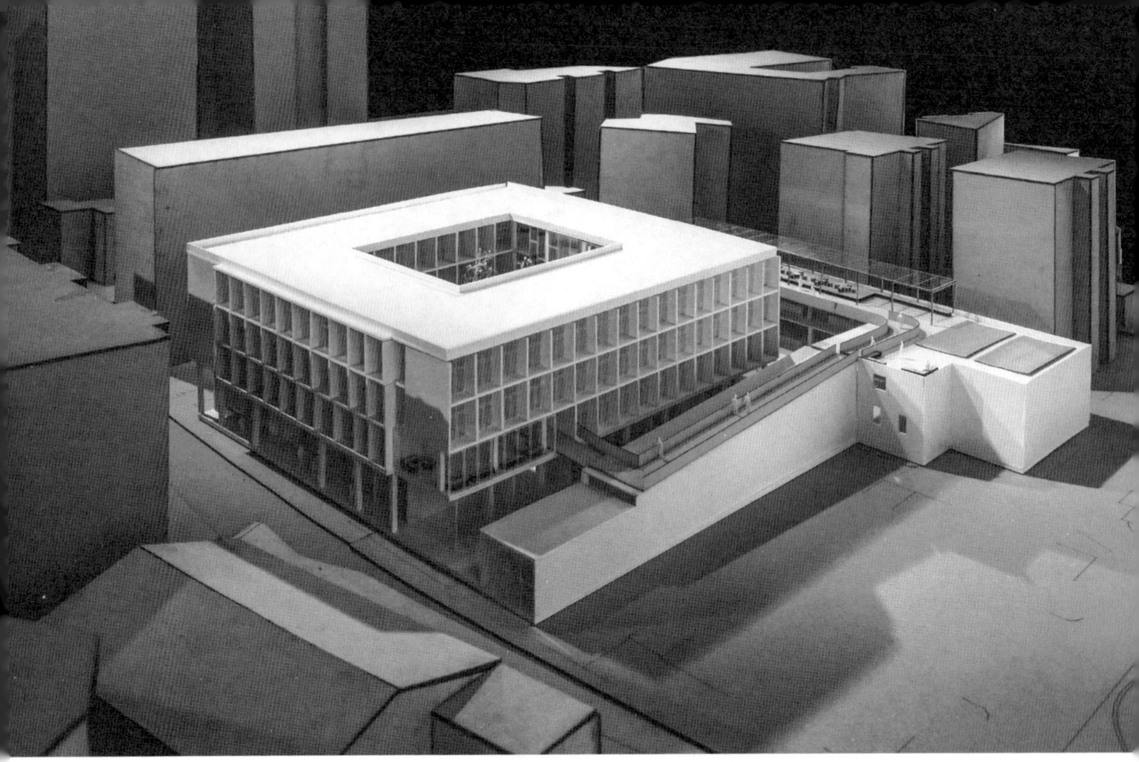

F｜范蓓蕾：如果你重点营造两个院子，那这些房间应该也要和院子有点呼应。现在把所有公共空间都对着院子，但居住也很重要，我就会选择居住朝向内院的房间，你的布局可以反一反。另外，篮球场放在这里不是很合适，这个院子是属于菜场的，有大爷大妈要来休闲停留，可以把篮球场放到平台上。平面上后勤次要流线挺合理的。

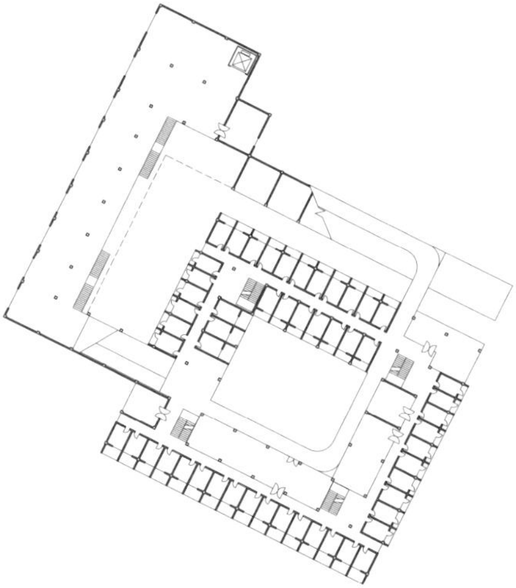

二层平面 1:1500

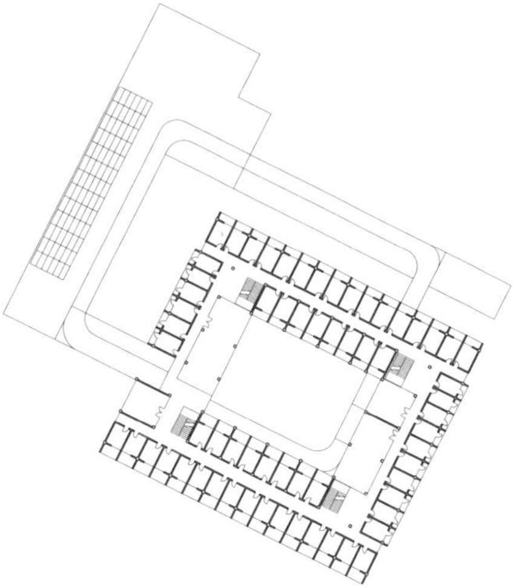

三层平面 1:1500

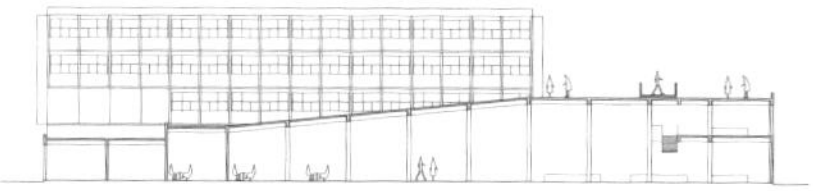

剖面图 1:1500

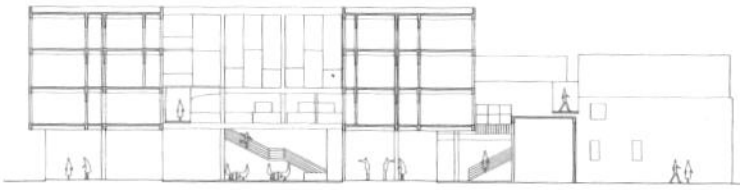

剖面图 1:1500

L 刘可南：居住是自成体系的环，是不是对基地的朝向和邻居的关照不够，现在看南侧和高层会有对视关系。另外，底层的流线对周边的流线和空间回应得不够。

W 王骏阳：几个立面的处理是匀质的，但是建筑面对的周边环境是不同的，要有所回应。平面户型是比较经济的，但除此之外还要有变化的可能性。跑道的形式很强烈，给这个方案带来亮点。不过要考虑下实际使用，跑道够长吗？是不是有其他形式和方法强化运动这个元素？

伞筑

学生 / 王子宜
导师 / 张　斌

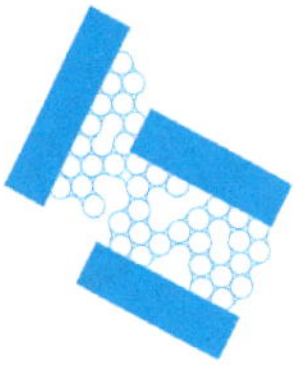

在传统菜场中，独立的小贩因为规模经济形成自发集聚的集市，灵活的伞筑往往成为他们遮风避雨的临时空间。设计中，菜场成为固定集市，用相对固定的木结构再现“伞”的空间形态，延续传统集市氛围，同时给人温暖亲切的感受。菜场上“家”的集聚是由于经济条件限制产生的被迫集聚，是空间资源有限的情况下被动产生的集合住宅。三栋条形的房子围护出菜场边界的同时，提供了三种不同规格的小户型，并且配置不同大小与功能的公共空间，提高住户的生活品质。对于居住于此的居民，菜场又是复合了公共空间的活动场所，充足的公共空间弥补了居住空间的局促。菜场和家之间的夹层是两者之间的转换，社区性质的小健身房、图书室和菜场的管理房、办公等都位于其中，被居民和菜贩同时使用。菜场中挖空的部分形成小广场，同样成为家与菜场共同使用的空间。在一天之内不同的时段，公用空间的使用主体人群发生变化，显示了菜场与家的融合。

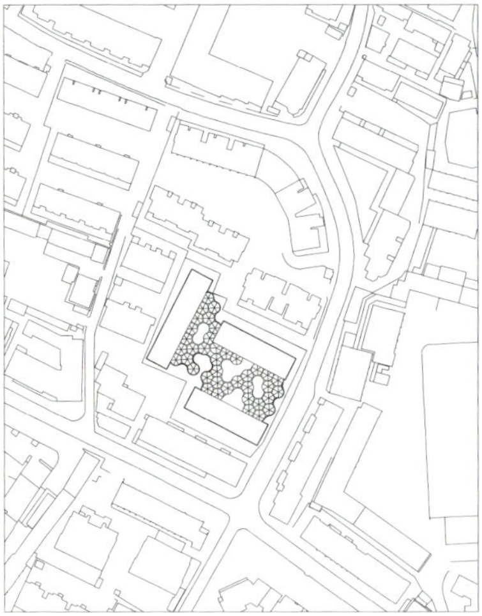

总平面 1:5000

首层平面 1:1000

W｜王骏阳：这个菜场的特别之处在于，它在营业期间其实是一个露天的菜场。但是下雨天怎么办？所有人就要打着伞，从一个摊位走到另外一个摊位，这样好像是有问题的。或者可以设想把它分成几组，用一个弯曲的特殊卷帘，按组把它们封上，中间留一个通道，空的地方就可以变成活动的空间。

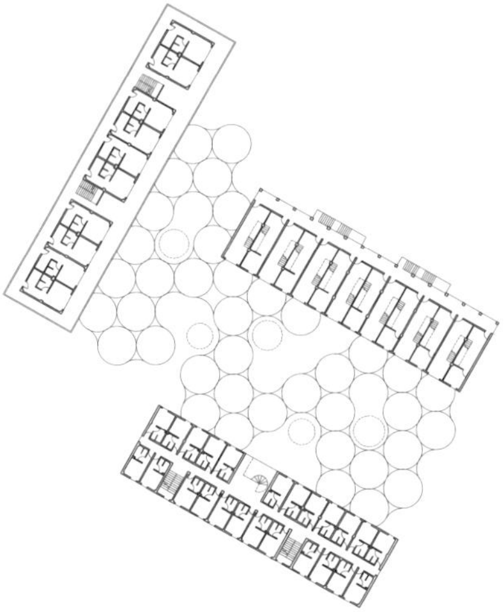

二层平面 1:1500

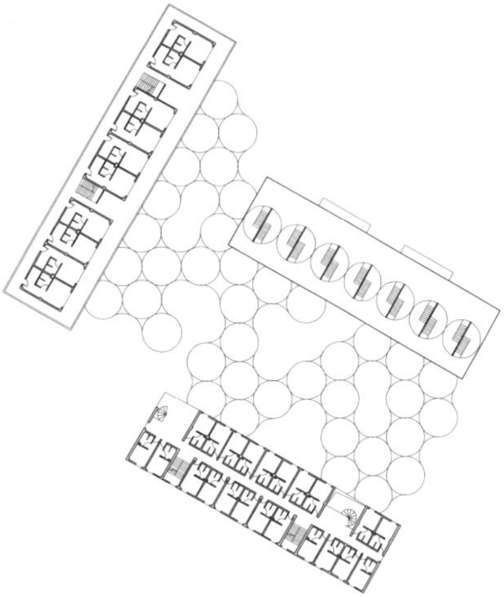

三层平面 1:1500

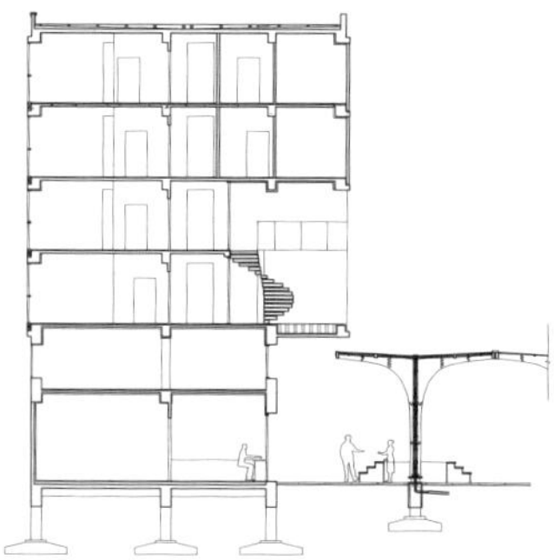

剖面图 1:1500

F｜范蓓蕾：中间这个“树林”好像花了很大的力气，留出了这个大一块空地，如果这个树林能让大家有一个可以活动的公共空间还挺好的。但是我觉得，要做一个只有一层、上面没有“家”的菜场，其实非常奢侈。

Z｜张斌：这个关系倒不是很大，关键是怎么用。白天没什么问题，就是个开放的菜场。关键是晚上，这个空间就变得复杂，一堆伞和一些关起来的柜台，像岩体一样密密地散布。你还是没有去描述，只是渲染了这样一张图，没有从设计的角度去描述晚上菜场关门的时候，怎么成为一个城市的公共空间。这个方案要成立，就要把这个问题回答清楚。

公共空间碎片化

学生 / 杨天周
导师 / 张　斌

设计以住宅为出发点，在前期调研中发现了三个主要问题：白领公寓公共空间所占比例不小，却难以引发居民活动；长条状的走廊空间面积不小，却仅承载着交通功能；居民生活轨迹简单，疏于社交，工作之余不愿出门。于是针对以上三个问题，提出了公共空间碎片化的概念——在保证公共空间面积与功能的前提下，将原先大而无当、功能单一的空间打散，转换成半公共、可供几户人家使用的共享平台，进而促使居民走出家门，结识新的朋友，开展多样的活动。在处理平台与住宅的关系时，借鉴了合院住宅的形式。传统“四宅一院”的形式被转化成了“三宅一台”。平台的交错设立既为层间的交流提供了便利，也解决了困扰南方住宅的通风问题。碎片化的概念同样适用于菜场，公共空间的碎片化在某种程度上意味着责任的明确化。自家摊位周边干净整洁的公共空间能够帮助摊主吸引更多的顾客，摊主势必会更加关注公共空间的卫生，从而在一定程度上解决菜场的公共卫生问题。

总平面 1:5000

配电站
垃圾站
办公室
蔬菜区
入口庭院
蔬菜区
蔬菜区
谷粱区
入口庭院
水果区
副产品区
肉类区
收银台
户外用餐区
入口庭院
厨房
水产区
户外用餐区
公寓入口
厨房
西
江
湾
路

首层平面 1:1000

F 范蓓蕾：工作挺深入也挺全面的，包括材料的选择、开窗与桁架的对位等都挺好的。不过还是有不少问题，比如平面上有些家具的布置肯定是不舒服的。你的精力过多地放在了楼上平台，对一层的公共空间投入的精力有所欠缺，比如入口广场，显然还能再好好设计一下。

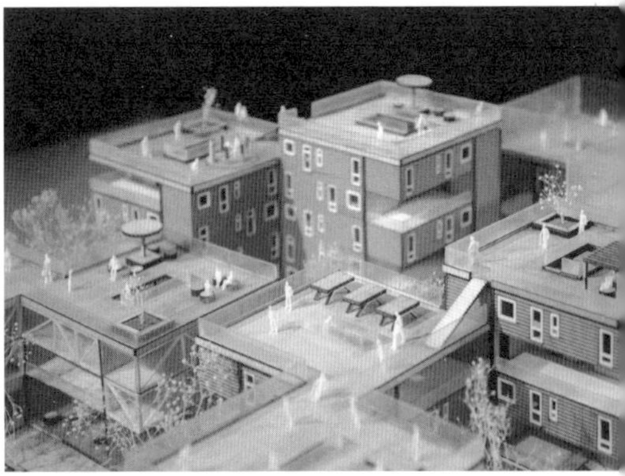

二层平面 1:1500

平台分布轴测图

W | 王骏阳：小菜场上的家，这个题目的特点在哪里？是菜场和家的结合。我认为如何处理这两者的关系就显得极为重要了。这个方案虽然考虑了这两者的关系，但处理得还不够，这样的处理可能在你想象中是很完美的，但实际上肯定还是会有各种各样的矛盾。已经做得很好了，但还能更好！

呼吸

学生 / 叶子桐
导师 / 张　斌

都市打拼一族常常处于一种高压、密不透气的生活和工作状态，设计想为他们提供一些透气解压的机会，帮助他们在繁忙之余更好地呼吸，感受城市的自在。这个概念表现在建筑空间上即是在公寓和底层商业、菜场中寻求有效的置入天井的方式，以保证内部空间的通风采光和流动性；在外部大环境中，通过院落形成一定的活动中心，并成为整个场地的呼吸窗口。设计从内部组织着手，运用单元化思想，尝试探究一种新的公寓类型。最后形成了一种上下层内外廊翻转、高低层高咬合的单元组织方式，以适应公寓的通风采光要求，创造生活品质和丰富空间体验。这种手法也运用于底层，作为商业菜场的空间结构原型，以一套系统解决上下共同的通风、采光、流动性问题。单元类型在底层为适应菜场、商业活动的不同而产生变异，形成了规整原型下的丰富空间体验，以及城市与场地之间的多种渗透路径。

总平面　1:5000

首层平面 1:1000

W | 王骏阳：这个住宅很复杂，公寓的规范和住宅是不一样的，这种纵向叠加又有户型变化的公寓好像在中国很少见，通常都是一样的户型叠加起来的，如何打破这种模式是很值得探讨的。在实际工程中要记得考虑卫生间对位的问题。

二层平面 1:1500

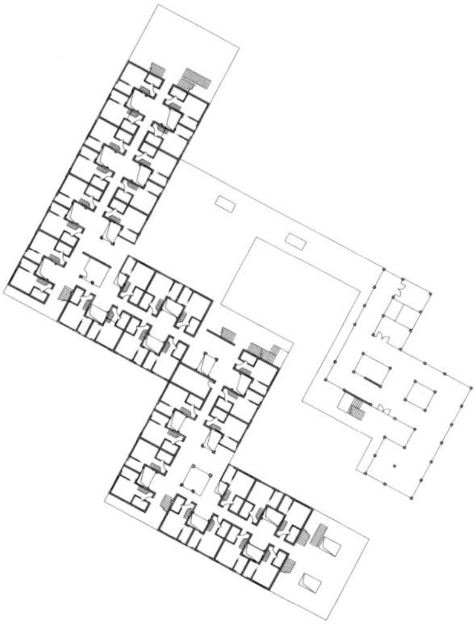

三层平面 1:1500

L| 刘可南：我觉得这个发展方向可能会带来一个机会，可以增加一些小生态在里面。“呼吸”不仅是一个通风的概念，还有小自然、小城市的感觉，和每一个空间的使用都有很直接的关系，可以去研究一下。另外，人身处其中还可以有各种丰富的视线关系，同时又觉得怡然自得，这方面可以再研究一下，这是我对单体研究的一个建议。

F| 范蓓蕾：空间做得挺厉害，可以把一个很复杂的事情全部捏在一起处理。在设计的过程中要不停问自己，要让努力的点是集中的。另外城市策略的阶段，我觉得有点含混。前面做的很松，把公寓放在后面，又把菜场放在后面，公寓入口和菜场入口混在一起。弥漫的小商铺在这样一个基地里可能支撑不起来，底层商业功能布局和菜场的布局要再梳理一下。

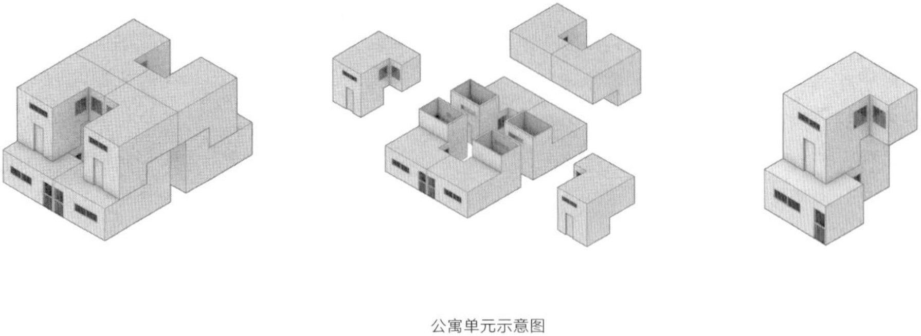

公寓单元示意图

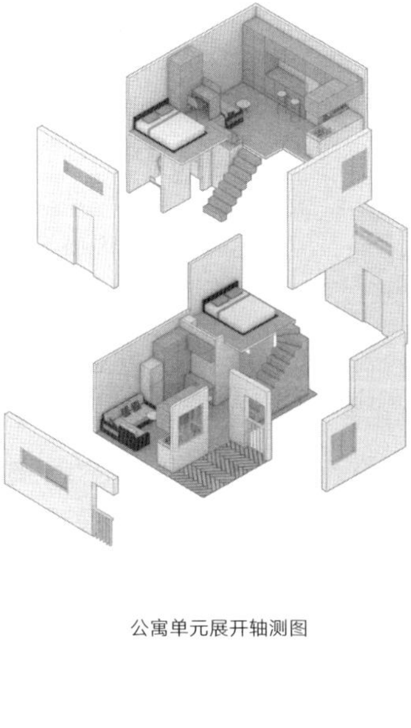

公寓单元展开轴测图

我们的院子

学生 / 张浩瑞
导师 / 王方戟

为改善社会住房冰冷而机械的居住状态，设计希望提供一个充满归属感的、亲切感的居住空间。方案将菜场和住宅分为上下两部分，上部分是居住组团，二至三层的住房单体为基本单元，由几个单元围合成一个共享的平台院子，共有四个居住的组团。每一个住宅单元的体量都是内凹的，内侧有一座独特的楼梯，整个体量形成一个面向内部“包围”的姿态。平台上布置公共厨房和活动室，以及户外休闲空间，促进住户交流互动，共同构建一个共享的院子。几个平台之间的缝隙自然地形成一条商业内街，将人流从街道吸引到内部。内街内部是消费目的性强的菜场，中部是休闲性餐饮与小吃，外部是沿街商业店铺，整个下层部分形成亲近宜人的生活性商业街区。上下层连接的枢纽在于楼梯，其独特的形式被赋予深层的含义：在单调重复的当代城市环境中，住户需要一个特异的“符号”来表达区别于他人的身份认同。这种心理认知的建立有助于居民形成归属感。在商业消费中，人们也需要独特的场景识别物来构筑公共空间的独特性。这些沐浴在上下层洞口光柱中的楼梯，则成为参与塑造公共空间的城市雕塑。

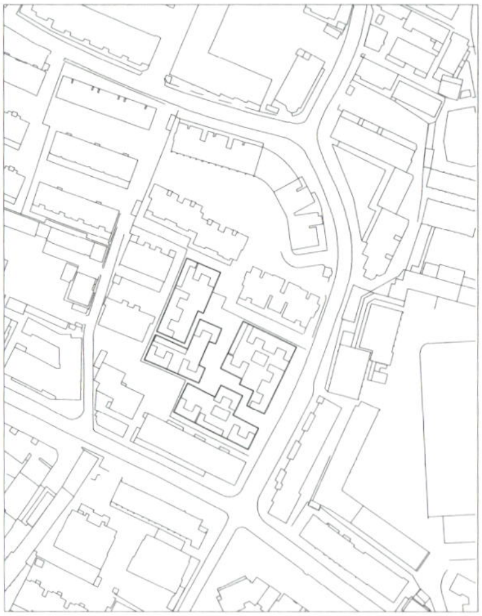

总平面 1:5000

首层平面 1:1000

W 王骏阳：这个菜场是需要服务于整个社区的，要穿过前面的商业区才能进入菜场区的路径不太合适。思维还是偏重形式，认为楼梯是重点，所以就做一个形式突出的楼梯。还是要思考一下，整个方案是氛围导向还是形式导向，如果把形式层面全部剔除，最后又会呈现怎样的结果。

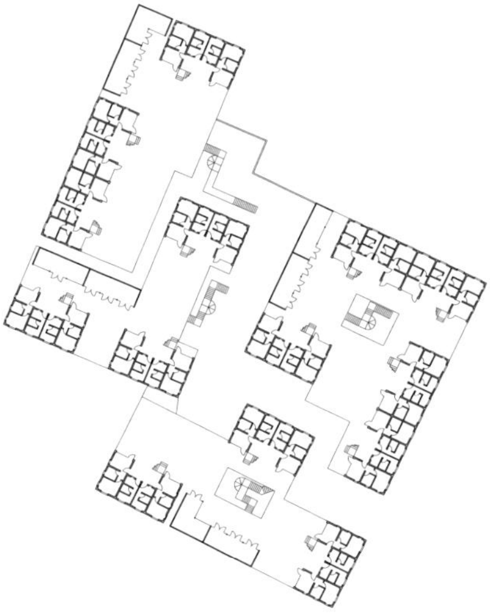

二层平面 1:1500

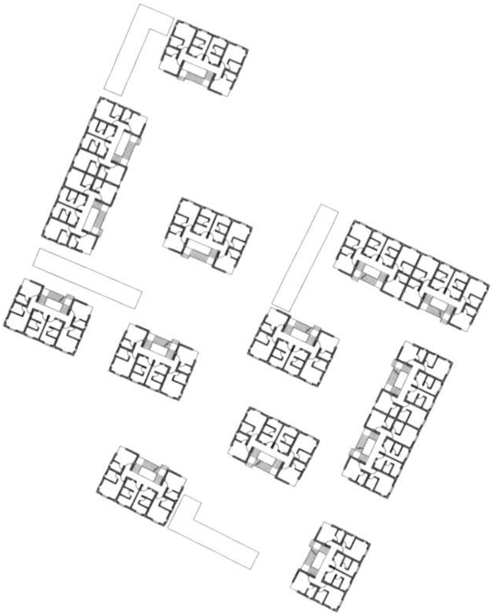

三层平面 1:1500

L｜刘可南：设计的商业店铺尺度应该跟原本基地中的店铺有一个比对。现在跨度大约 7 米，接近商业综合体的尺度了，这个街道氛围跟真正的城市街道还是不一样的。

Z｜庄慎：这是这次设计的一个难点，基地是袋状的，只有单面沿街。在原本的基地环境中这样的布置比较合理：内部是菜场，外围是小吃店、水果店等小商店。这片区域本身也很有意思，历史上是日租界外工厂、铁道、居住混杂，形成了犬牙交错的地界。那边西江湾路出去就是龙之梦商业综合体、虹口足球场和地铁站。这个方案是在一种接近白板的情况下去思考能不能添进新的东西，这个状态挺好的。

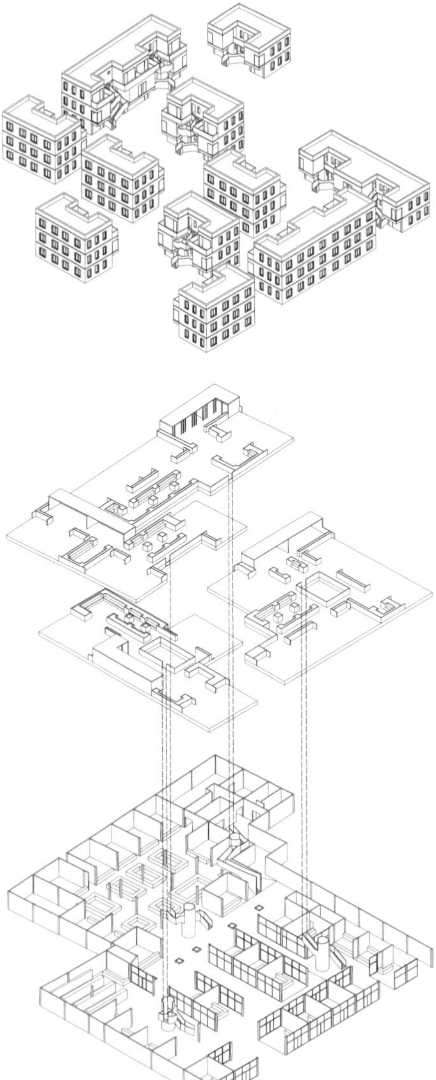

轴测分解图

临近

学生 / 张雯珺
导师 / 张　斌

总平面 1:5000

临而不扰是希望给居住者、菜场使用者和小吃街使用者各自独立而又互相连接的空间。三者首先是独立的，其次是能够相互产生积极的影响。住宅部分由一个入口向四面发散，使得住户有相同的、平等的居住体验。菜场和小吃街依然保留独立的流线，使其与位于其他地点的、具有同样功能的空间处于平级，再利用两者毗邻的特点，为原本各自独立的使用者提供交流的可能。新建筑以入口广场作为与城市街道之间的过渡，以绿化花园作为与居住区之间的过渡，各部分相邻却有一定距离，维持各自的独立领域的，同时在间隔地带形成新的城市活力。

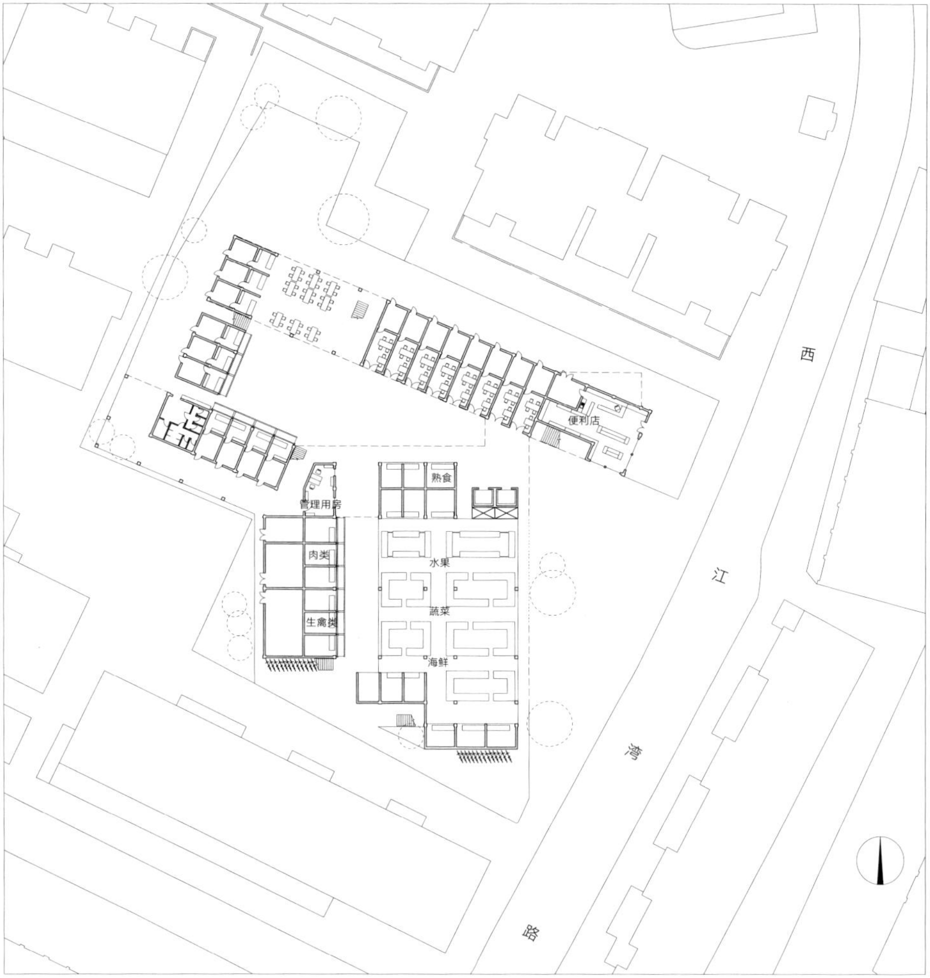

首层平面 1:1000

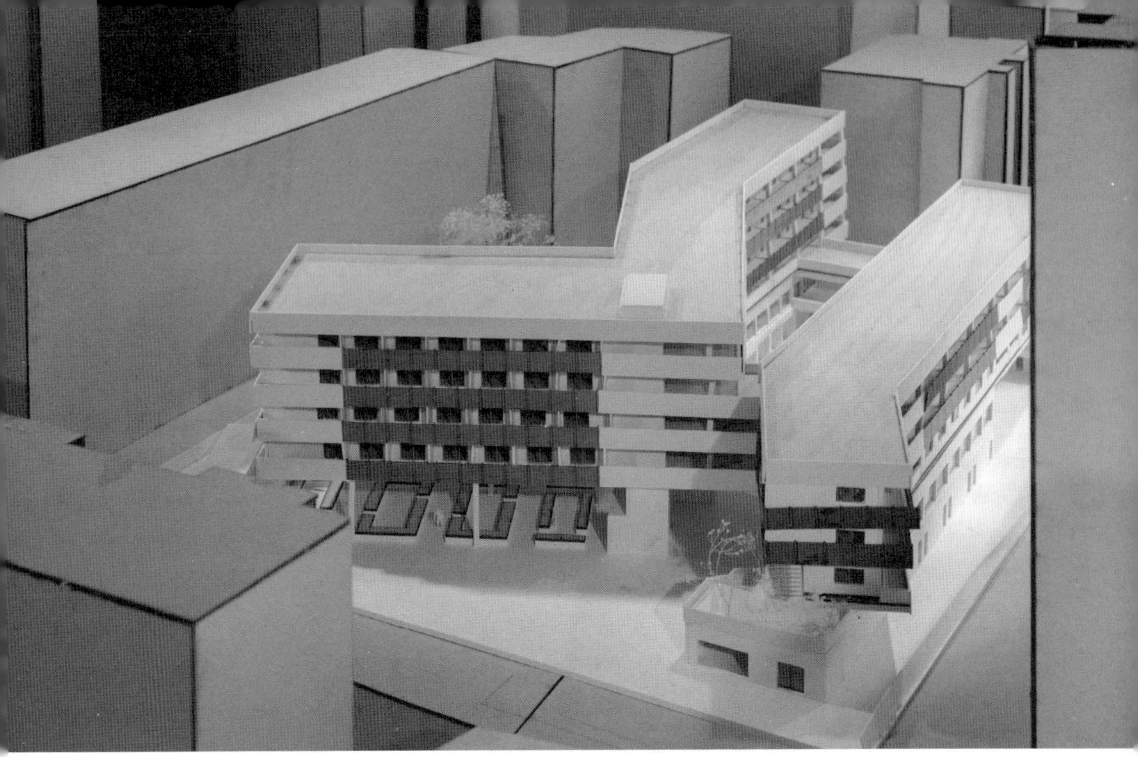

W | 王骏阳：我对住宅布局的必然性有疑问，如果是因为日照间距等问题形成的就还好，如果仅仅是形式的原因就有问题。另外你让出了一个可以活动的院子，但是立马又设置了一栋楼挡住光照，这个退让的动作就显得没有必要。

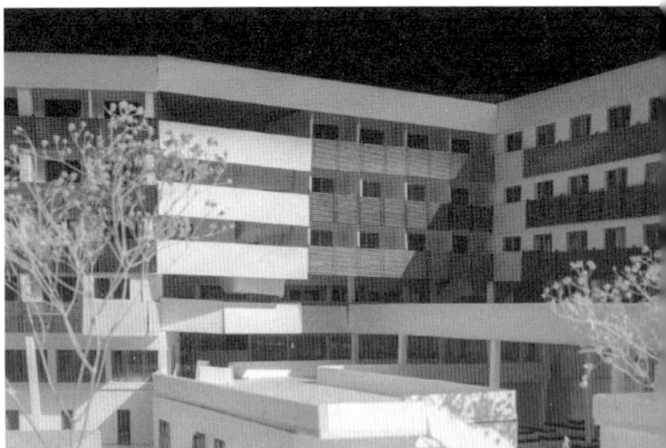

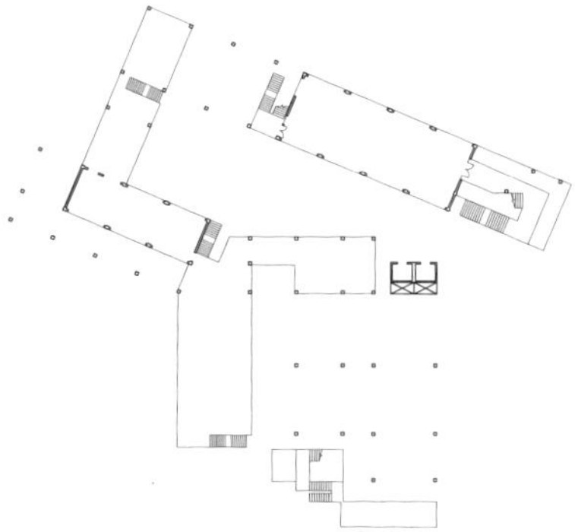

二层平面 1:1500

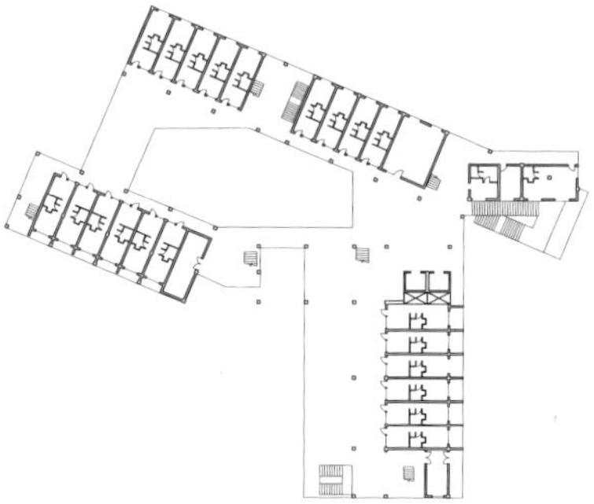

三层平面 1:1500

L 刘可南：将商业和菜场的流线分开，其实对建筑的空间形态并没有产生多大的影响。而且让出来的空间，又放了个小铺子在这，在一层也没有形成一个可以公共活动的空间。这边是朝南的位置，相对来说还让出来一个比较好的场地，但你又用一个没有公共活动的功能区把它占领了。

剖面图 1:1500

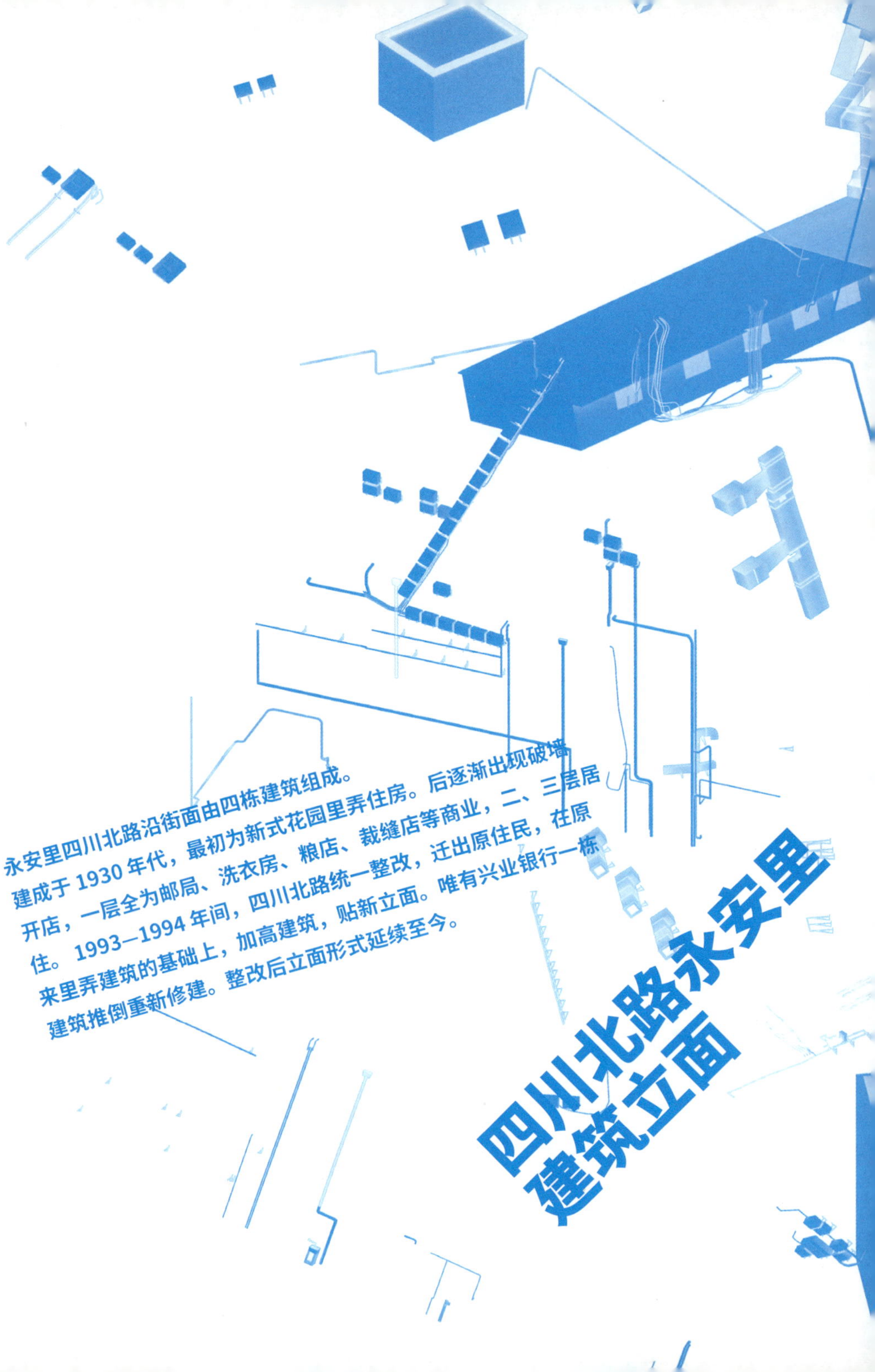

四川北路永安里建筑立面

永安里四川北路沿街面由四栋建筑组成。建成于 1930 年代，最初为新式花园里弄住房。后逐渐出现破墙开店，一层全为邮局、洗衣房、粮店、裁缝店等商业，二、三层居住。1993—1994 年间，四川北路统一整改，迁出原住民，在原来里弄建筑的基础上，加高建筑，贴新立面。唯有兴业银行一栋建筑推倒重新修建。整改后立面形式延续至今。

基地周边的城市研究
虹口
1617
逆向还原 © 阿科米星

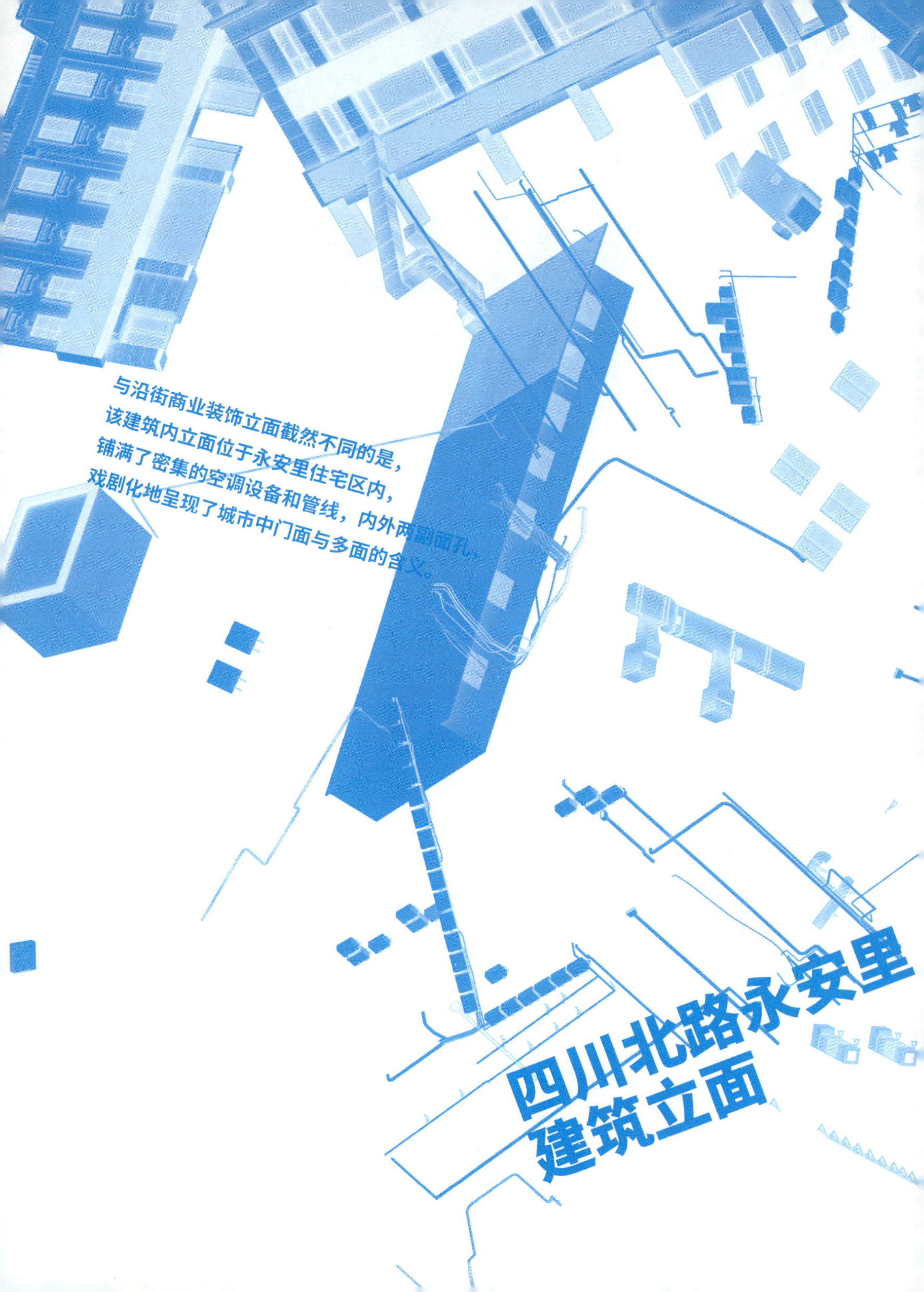

与沿街商业装饰立面截然不同的是，
该建筑内立面位于永安里住宅区内，
铺满了密集的空调设备和管线，内外两副面孔，
戏剧化地呈现了城市中门面与多面的含义。

四川北路永安里建筑立面

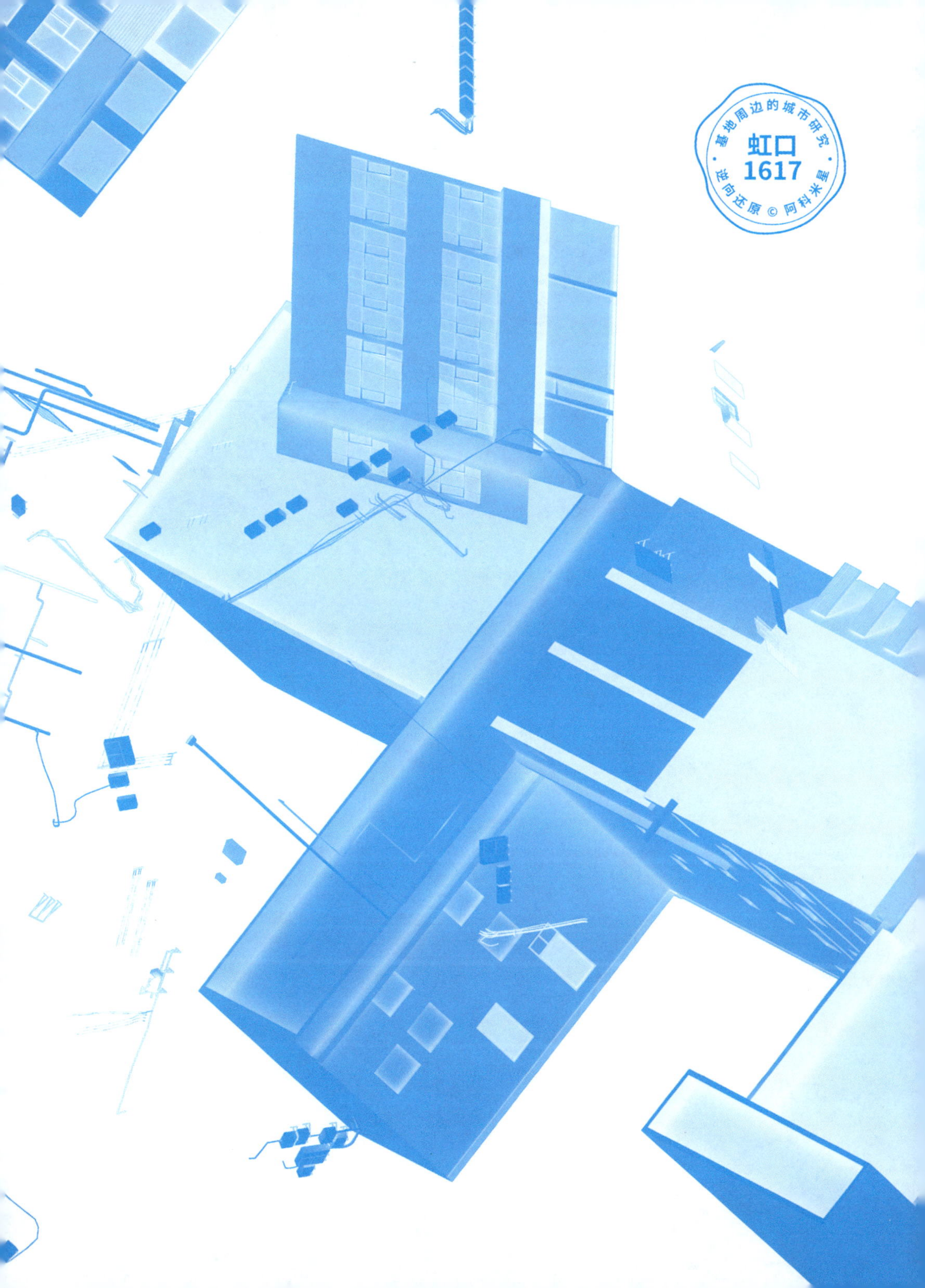
基地周边的城市研究
虹口
1617
逆向还原 © 阿科米星

东江湾路三叠弧沿街台阶的转角居民楼

该建筑是东江湾路上靠近 3 号地铁线一侧的四层居民楼。建筑的一角已经站在扩建的道路红线以内，局部转角形成了跨在人行道上的过街楼，在沿街台阶与绿化花坛边界的处理上，形成了与人行道尺度十分友好的三个叠弧处理。这处小小的细部与轻轨下的巨大立柱直接对话，丝毫不落下风，而且轻松处理了行人体验与转角骑楼的关系。

基地周边的城市研究
虹口
1617
逆向还原 © 阿科米星

基地周边的城市研究
虹口
1617
逆向还原 © 阿科米星

跋

POSTSCRIPT

形式没有高级或不高级之分 / 王方戟

There is No Distinction Between Superior and Inferior Forms / WANG Fangji

形式没有高级或不高级之分

There is No Distinction Between Superior and Inferior Forms

王方戟

WANG Fangji

活灵活现的形象

2014 年春，同济大学建筑与城市规划学院实验班 3 年级下半学年的建筑设计课程由柳亦春负责。为了在教学中加强结构与空间关联思考的训练，柳老师出了一个名为“架构与覆盖——凌云社区图书馆建筑设计”的课题，并邀请庄慎和祝晓峰一同参加教学。那是庄慎第一次参加建筑设计教学。课程期间我与庄慎讨论过几次教学。除了课题及教学的内容外，讨论中印象最深的是他对组里学生性格的描述，以及以不同方式引导不同学生的教学招数。学生性格必然各不相同，有的懵懵懂懂，有的老成持重，有的矜持拘束，有的热情粗放。经过庄老师的总结，同学们的形象都活灵活现展现在我的眼前。他说到过如何对粗枝大叶的人放下狠话，催促其紧张起来；如何委婉地避免机敏细腻的人当庭飙泪，并使其随课程的进展不断整装前行；如何给思绪繁杂的同学制定简单的游戏规则，让其自己整理思路，逐渐得到清晰的设计概念。他不是以传授知识的方式来看待教学，不是将自己对于建筑的想法告诉学生让他们来跟随，而是让每一位学生提出自己的想法，并自己找到发展的逻辑，再将这些想法以技术性的方式结合进设计之中，最后得到设计结果。由于设计的出发点都来自学生自己，发展的逻辑也是自己整理出来的，这次课程大多数最后成果都既有特征，又有技术上的深度（图 1）。几次讨论中，庄老师对建筑设计教学的认识及具体的教学方式都让我很惊讶。难以相信这些成熟的专业教学观点及教学手法是由第一次参加建筑设计教学的老师提出来的。究其原因，应该是对于建筑设计教学来说，除了以精细的教学法一步步推进的方式之外，也可以有那种以实践中积累的思考为基础，迅速触及教学本质的训练方式。毕竟实践与建筑设计教学是非常接近的。那么庄慎在实践中积累的哪些思考促成了他可以在第一次教学中就如此迅速地形成自己的教学观呢？

平面思维 + 空间想象

20 世纪 80 年代开始酝酿、90 年代兴起的中国住宅的商品化，除了给建筑设计实践领域带来了更大竞争之外，也对实践建筑师的原有专业思想体系造成了很大的冲击，逼迫大家将资本与建筑学之间的关联作为设计中的主要问题之一去思考。与之相伴，那些和建筑设计相关的知识及认识也被不断细分，建筑学在许多不同观念中被认识：“环境观”认为，新的建筑要从周围环境的状况及条件中推导得到，周围环境是建筑设计的前提；“空间效果观”追求的是建筑外观或房间被观赏时，其景象具有的美感，并往往讲究静态的、可通过平面影像传递的那种效果；“规划观”意识到从城市更大范围上看，那些规划性动作的影响力远超建筑设计，它是希望建筑更要有从城市设计尺度去关注大问题的想法；“体验观”注重对人在建筑现场体验感的设计，并希望精密地将具体体验在设计中予以落实；“技术观”看到的是结构、构造、制造手段等要素在建筑中的重要作用及表现力，试图将这些因素作为设计的出发点；“历史观”要找到当代与过去的关联，并让实践在关联性理论指导下进行；“生态观”强调建筑设计中的资源可持续性等问题。所有这些观点都可以成为考虑建筑的出发点，是建筑后现代时期思考多元化的表现。多元化思想让建筑师对设计的更多侧面予以关注，建筑学被细分后，有助于对其进行更加深入的研究，尤其在高校对于教师成果的科学化定性要求越来越高的时候，这种拆分更为可

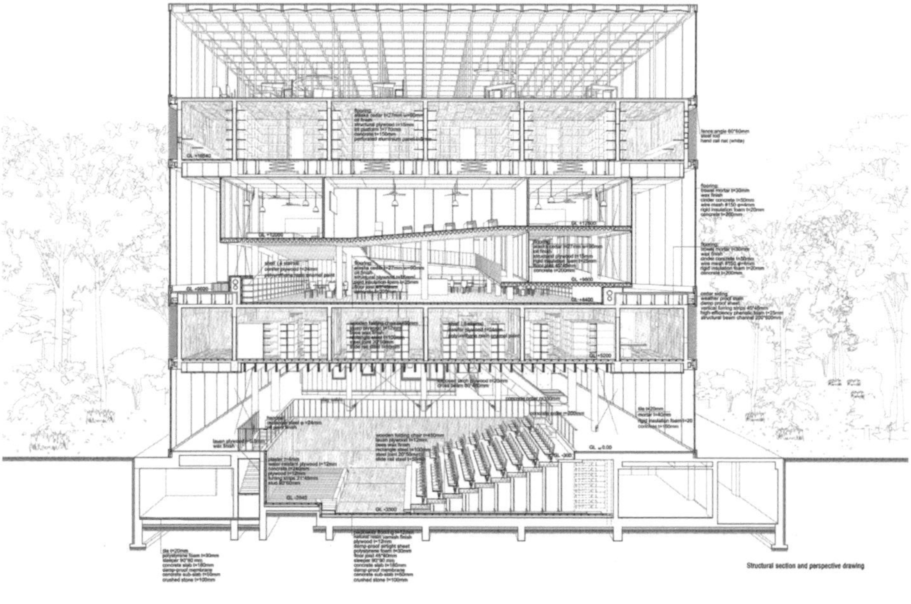

图 1 课程作业剖面图。张灏宸：“塔”社区图书馆，导师：庄慎，2014

被机构认可的成果积累提供了便利。但是，一位建筑师如果仅有这些多元的观点，哪怕对每个方面都有深入的研究，在具体实践中也会有无从下手的感觉。因为在设计实践工作的背后需要有基本的技术技巧，建筑师首先需要有对于这些技术技巧，以及它们在建筑学中价值的认识。

“功能与空间排布训练具有普适性，它让你理解平面的原理及逻辑，并知道如何去把握空间的节奏。这样建筑设计可以靠平面思维和空间想象力的组合来加以完成。实践中任何类型的建筑都可以以这样的方式去开始。”[1] 前述多元内容作为建筑设计概念的出发点是可行的，但仅仅依靠它们中的一项是无法将设计实践中遇到的各种问题贯穿起来的。能够支撑建筑设计实践的是建筑师的平面思维加空间想象能力，这是设计出好建筑的保障。实践中要是过于强调单方面的观念，忽视基本平面及空间关系，会导致建筑设计整合度及设计密度的降低。

在实际建造中，设计密度再低的项目也需要通过对各个要素的过滤，将各种技术问题解决后方能落地。因而一个设计最终会成为“建筑”。但是在建筑设计教学中，学生的作业无需落实。那些只在某些方面有深入表现，实际缺乏整合，平面及空间关系并不理想的作业，在某些教学标准中也会被认为是优秀的作业。此外，由于高校对教员科学成果产出有越来越高的要求，新的教员越来越趋向只关注专业中的一个局部，而非时刻保持对专业的完整认识。在这种想法的作用下，那些专注细节而非整体的教学标准在高校中呈普遍的趋势。学生被鼓励深入地关注布局，让他们误以为学到了局部的知识就学会了做设计。由于对能够将设计工作统合起来的平面思维加空间想象能力的缺乏，这样的建筑设计教学培养出来的学生往往“会做分析图，会做模型，渲染制作一整套效果图也没问题,但是却无法很顺利地将功能、空间、整体的建筑设计整合起来”。[2] 这就是建筑设计教学领域内学生专业认识的碎片化现象。学生也许能够用有吸引力，有故事、诗意的图像去赢得竞赛，细究其图纸，却发现没有什么设计的密度。“虽然现在的学生也许不太认同传统的以手工操作为基础的画法几何的训练，但是在基础训练中如何让学生对空间及几何保持较强的理性理解和想象仍然是建筑设计教学的关键任务。”[3]

对于包括庄慎在内的很多实践建筑师来说，在实践中体会到的是当今行业中的这种细分现象冲淡了实践的密度。当他来到建筑设计教学领域内的时候，更是迅速意识到这个现象对于当代建筑设计教学的冲击。如何在碎片化现象中让学生重新建立一个完整的专业认识，这是当代建筑设计教学最重要的问题之一。这也是为什么刚进入课堂，庄慎就开始尝试通过对学生的观察，找到让不同学生建立自我判断意识的方法，并在看似因人而异、内容差别很大的表象之后，用建筑学基本内容的训练将整个过程贯穿起来。从教学现象来看，建筑设计教学过程是老师跟学生之间的无数讨论。由于学生有不同的设计出发点，老师跟每位学生谈论的也似乎是不同的内容，这让教学过程看上去显得比较复杂。但在本书记录的教学课程中，在吸纳了复杂的表层内容之后，教学呈现出平面思维加空间想象训练的内在主线。这个主线内容既是庄慎、张斌及王方戟等本课程任课教师之间的专业共识，也是大家在推进课程教学时自觉遵守的规则。有了这个主线，学生的碎片化专业认识能随着设计的深化被逐渐收拢，最后以具有一定专业深度的建筑学材料展示出来。这在最后的设计成果上都有体现。

《小菜场上的家》系列出版物至此已出版五册。教师们的共同设想是，出版物上的学生作业没必要一定在直观上吸引读者，所以我们不是以让读者一下看懂的表现图、分析图、氛围渲染、场景图等为主要内容，而是强调了对于很多读者来说也许比较枯燥的建筑各层平面图,佐以模型、剖面及其他图纸。这并非是不想吸引读者的注意，而是在建筑学的语境中，易懂及有表现力的图并不代表优秀的设计。书中每个学生作业开头的关键词，代表了学生在整个课程阶段与老师讨论的核心概念。在课程中，概念不仅仅是提出就可以了，课程过程中首先要找到将概念物化的方式，接下来学生与教师共同以平面及空间关系为线索不断对概念进行评估，并逐渐以技术的要求对带有概念的设计进行刻画。这样的过程可以让概念逐渐落地，最后获得设计的品质及深度，避免从碎片化的内容开始，将设计引向表面好像很深入、实际缺乏设计整合的状态。

形式没有高级或不高级之分

与建筑学领域中专业不断细分及学生专业认识碎片化的情况形成对比的是，虽然学科内观点庞杂，当代建筑师的设计操作却往往非常单一，很多建筑师设计时考虑的核心是以不同方式对建筑形态进行单线操作。在这样的设计中，建筑师会考虑城市建筑的体量、形态、外部造型、内部空间形态、细节形态等内容，在此基础上进行设计操作，而其他重要的因素都服从于形态要求。其结果是在舍弃相关要素完美性的前提下，得到简明易懂的形态。建筑与人之间有丰富的关联，其形态在设计中的作用也因项目而异。在很多项目中，形态只是设计中需要考虑的一个局部。即使那些形态在设计中占很大成分的项目，“形态都以与某些被选定的重要因素相互关联的方式出现，最后在一个综合的、相互制约的关联中寻求各个因素都得到满足的状态，形态在这种状态中才得以成立”[4]将形态操作作为建筑设计的操作主线是一种就形式论形式的做法，它将建筑设计锁入了一个很难吸收纷杂外部要素、尤其是当代社会具有的新功能需求的闭环。当代建筑设计实践中很多建筑师以自己的方式寻求从形态设计闭环中解放出来。庄慎曾经将自己关于建筑的思考按时间顺序分为四个阶段：第一阶段将传统空间的模式运用在当代设计中，第二阶段通过对当代消费逻辑的理解发展出一种混合的设计方式，第三阶段将民间建造引进当代设计，第四阶段将在城市中观察到的日常现象运用到设计之中。[5]可以看到，在这四个时期，庄慎思考的重点都不仅仅是建筑形态的几何操作，更是建筑形态操作与其他要素的关联。这些要素来自文化、社会、现实生活等方方面面。当这层关系最终被建筑师用形态物化出来的时候，建筑的形态已经不是一个仅仅因为几何逻辑而存在的物质形骸，而是一个可向当代社会的不同层面进行更多渗透的构筑物（图 2）。

在建筑设计教学领域内，强调纯形态、以形式美为基调的训练，及以教师个人形态直觉论作业优劣等做法越来越普及，这体现出专业教学对单线形态操作训练非常倚重。加上以技术的科学性原则推导设计的方式回应空间问题、以理性功能需求推导设计结果、以图面表达效果回应设计深度、以游戏的尺度及形式回应建构建造问题等做法在教学中的普及，更使得简明易懂的形式成为很多建筑设计教学活动的共识。由于在实践中积累了对形态与总体设计之间关系的思考，在第一次教学中庄慎很快摸索出一种既不回避形态操作问题，又不将设计依附在几何操作之上，还可以将学生的直觉感受吸纳进来的训练方式，以此对以单一的形式训练为主线的教学方式进行了批判。建筑设计开始时需要一个出发点，它可以来自不同的方面，呼应当代设计的多元状态。但出发点必须能够将设计中需要回应的大多数要素带动起来，这种出发点也可以称之为概念。庄慎的做法是在教学中从出发点与其他要素之间的关系，或者说从概念开始跟学生讨论设计。这样，即使出发点是某些形态意向（学生作业中最常出现的状况），这个概念也需要在呼应其他要素的过程中得到约束和调节。这样就从根本上避免了设计中以学生或教师的直觉形式感作为单一入手点的教学状况。

“在方案进程中庄老师更多的是接受你的想法而非形式。他对手法及形态都没有偏好和厌恶。对他来说形式没有高级和不高级之分。这样，学生也不会被某种不适应的风格构思束缚。”[6]“庄老师具有开放性思维，他的课程中设计思路可以非常的多样化。在一个设计小组中每个人的设计概念都不一样，但庄老师从来不论优劣，而是都帮助大家按照自己的概念发展方案。一定是因为庄老师知道只要水平够高，任何概念都能变成一个优秀的作品。”[7]当然，无论在实践还是教学中，从概念到设计结果的路径不会立刻获得成功，期间需要非常多的磨合及推敲。教学中每当新的条件进入设计系统，设计者都需要以开放的心态和宏观的视角重新看待眼前的方案，看方案中的亮点是否还在，或者在新的约束下必须采用的新策略。课程中庄老师非常强调对思路的整理。整理是一种设计习惯，就像头绪很乱的时候先把桌子整理干净一样。设计中遇到问题的时候，庄老师会要求学生先整理出主要问题。这样每遇到推进不下去或者路越走越窄的时候，就可以迅速把问题拆分开，让思路重新回到最核心的话题上去。”[8]

建筑师接受的是形式训练，建筑设计也必须以形式为手段来予以落实。但无论是实践还是教学，设计的出发点都不必局限在形态构成中。多元化的当代建筑思考给设计出发点提供了很多方向。只要是可以物化，并能够将主要要素统合起来的出发点，都有可能成为概念。庄慎在教学中使用的以梳理概念为线索，并在不断复盘的过程中增加概念与不同要素之间磨合程度的教学方法，让教学不再拘泥于具体的形式。以概念为线索的方法可以将多样化思考容纳进来，对于教学来说尤为重要，同时还可以将学生的直觉吸纳进来。教学中的理性成分是概念及其物化

图 2，阿科米星建筑设计事务所常州棉仓城市客厅，将改造、新型的功能需求、结构构造、设备空调等都与形态整合起来的设计。

的逻辑，学生在感性状态下提出的想法或概念还可以同时保留，避免了用一个“成熟”的套路标准去衡量学生的想法。这样即使学生有很强的形态想法，在课程进展过程中，这种想法会在没有被明确否定的状况下被逐渐冲淡，让形态设计最后融入整体设计体系之中。概念物化过程中的逻辑，都可以交由学生自己判断，在专业训练的同时培养了学生独立思考的能力。“庄老师认为在教学中首先要提倡独立思考，其后蕴藏的价值观是没有固定经验范式的。每个人都在走自己的道路。这一点无论是做设计还是在生活中都成立。”[9] 在这样的教学中，教师可能比学生有更多的实践经验，但在概念层面上是完全平等的。

逆向的动力

前述庄慎自己总结的设计思考的四个阶段中，最后一个阶段是对城市中观察到的日常现象进行反思，找到其中的某些关系，并将它们运用在设计之中。这是庄慎领导的阿科米星建筑设计事务所最近在实践及研究上的思考内容。本书收录的“逆向还原”部分是阿科米星及相关团队在虹口区精心挑选了观察对象后，对它们进行观察并找到恰当方式进行记录后的成果。这些观察不是随意的，对对象进行锁定的过程本身已经有相关的思考。所谓的“逆向”是希望通过这一系列记录及相关反思找到建筑在其生命周期各个阶段可能呈现的面貌，以及那些用今天的“设计”很难想到的空间的可能性，进而将它们引入建筑设计的尝试。阿米抱有的想法是，既然现实中的建筑可以有这样的形象，这些形象背后也有其特定的功能、建造、经济等原因，因此它们是一种被时间及社会验证了的形态。建筑设计是否可以直接从它们这里获得启发，并从具有类似关系的形式出发开始设计呢？这可以说是调研，也是反思，还可以说是设计出发点的摸索。这种以调研的方式开始的设计思考，避免了常见的以形态为单一讨论线索推进的设计套路。

从具体的设计方法上看，阿科米星从调研的养分中获得启发并形成独特的设计手法。可以辨识出的第一种手法是搭建，也就是让异质的小型结构系统侵入主体结构，形成具有新型功能关系的空间组合。比如在安龙森林公园东部码头小镇（未建成）中，建筑主体是无性格的体量，但它们通过与搭建平台之间的组合形成形态和空间特征。第二种是屋中屋的手法。在大的空间中创造具有原型效果的小空间，通过这样的空间调节让建筑在多个方面获得适应的尺度。常州棉仓城市客厅就是以这种方式在巨大厂房中增加了合宜的小空间。第三种手法是对结构、维护、修饰构件的灵活使用。建筑中的各种构件有其技术或视觉上的作用，但它们不必表现得就像其具有的作用那样。桦墅乡村工作室中，新旧结构体、新旧维护、新的饰面板在视觉上都有混淆，让建筑看上去显得非常灵活。第四种手法是利用色彩对建筑形态进行调节。相比于材质，色彩的手法往往更容易进行感知的传递，并且更加经济。如宝山贝贝佳欧莱幼儿园装修项目的立面，在原始建筑立面很难做大规模调整的限制下，阿米利用色彩对立面形态进行了重组。第五种是平面折叠的手法。在如志达书店这样的项目中，利用特异的平面组织方式满足场地条件及特殊的功能需求，再局部佐以空间处理，营造了特有的氛围。第六种是模糊空间边界的手法。某些开洞可以使感知穿过实际使用的边界，在体验上将空间上下及前后关系加以混淆。YoungBird 室内空间改造使用的就是这样的手法。这些只是阿米设计手法的一部分，不同手法之间也有重叠。它们不仅仅是形态操作的手法，由于来自日常观察的启发，因而也再现了某种在生活中可以捕捉到的形态或体验。在设计中它们更可以与建筑的功能或其他需求相结合，这些手法所创造的形态可以同时满足多方面需求。很多建筑师渴望设计出新颖的形态。任何“新颖”的形态都可能很快成为流行的形态，几年后其新颖感就消失了，这种形态也就被社会遗忘了。当下建筑师趋之若鹜的形态，在时间纬度上看往往只是一种设计套路。以调研的方式逆向得到的首先是一种关系，然后在落实到形态的过程中建筑师再将它与社会的现实要求融合起来。这种形态让人感觉似曾相识，天生让人感觉亲切。这样的设计方法避免了陷入“安全”的流行思路，并让建筑师清醒地从当代套路中脱身。

对于教学来说，调研不仅仅是为了让学生了解场地。教学中想培养什么，设计成果达到什么样的深度，设计的后续环节中学生会产生哪些疑惑，哪些问题无法在课堂讨论中解决，而需要提前进行现场观察，所有这样的问题都同样需要逆向的考虑，并从逆向的思路中对调研方法进行设置。[10] 在“小菜场上的家”课题中，教师们关注的不仅是学生作业最后完成的形态，更是这个形态在当代社会中的作用及意义。张斌认为，本课程希望让学生既学会做设计，又学会在当下的社会环境中保有自身的见解和批判性，不要在大环境的变化中陷入泛泛而谈。[11] 课题调研内容经过教学设计分为三个部分：第一部分是暑期调研，学生利用暑期在家乡完成对相隔 5 年以上住宅户型的独立观察及测绘。这部分调研强调的是学生对居住时间性及地域差异要有一个宏观的认识，而非将眼光局限在当下的“房型”上。第二部分学生按照教师的要求成组对基地及周边情况进行调研。这部分既是对现场物理空间的认识，也是对现场社会状态的综合探究，是学生可以批判性地看待课题任务的前提。第三部分，学生在基地内自己寻找场地，并以设计的方式介入这个场所。这部分工作是希望学生理解设计在当代环境中的价值及局限。通过三个步骤的调研，学生在一定程度上了解了建筑在当代社会环境中存在的方式及意义，进而在设计中体现这个方面的观察及思考。

与历次“小菜场上的家”课题相比，此次课程的基地选择中包含了更多的“逆向还原”的考虑。庄慎选择这块基地不仅是因为它离当时的阿米办公室比较近，庄老师在日常生活中发现了它，更是因为这个基地现状中有高效集约的功能组织方式、壮观的内部空间、不同时代建筑物交叠后形成的细节及趣味。这个基地不仅仅是一个现状条件，通过逆向的思考，顺藤摸瓜也许可以找到引发新设计的视角。现场基地中有菜场、商业街及出租公寓等功能。既然现状就已经是这么有意思的“小菜场上的家”了，那其中的“好”是否可以被引进设计呢？因此基地的选择暗含了对课程中学生将观察进行逆向思考的期许。虽然我们没有看到直白地从这个角度进行思考的设计作业，但应该有很多学生已经从现状得到了感悟，并将它们引进了建筑设计中。

价值

经过多年发展，当代建筑设计教学形成了各种深入细致的教学法，其有效性究竟如何呢？从实践的角度看，很多教学法很难直接触及设计核心，同时让学生的专业认识呈碎片化的现象并非个例。建筑设计教学中首先需要带领学生将复杂局面整合起来，将平面思维加空间想象的方法作为内在线索贯穿进设计之中。这是对学生碎片化认识进行整合的重要手段。形式驱动的设计方法能产生形态简明易懂的成果，也符合当代媒体的传播需要，已经成为很多建筑设计教学的核心方法。但这种方法往往难以将建筑中复杂的线索融合起来。以不同层面的概念作为驱动来启动设计，不拘泥于时髦造型，也许能够在一定程度上抵抗建筑设计教学被形式驱动的大趋势。对现实环境的观察及总结可以作为理解当代项目的基础，还可能通过逆向的方式将观察转化为形态设计。建筑设计教学在调研及设计方法上都可以吸取这种逆向的方法。庄慎在实践中得到的以上这些思考让他在面临建筑设计教学问题的时候得以直接切入核心，并获得了相应的教学成果。在中国建筑设计教学越来越多地借助学院内部制造出的教学法推进，与实践系统脱节越来越严重的时候，此次邀请独立建筑师参与设计教学的活动显得尤其具有意义。在这里，独立建筑师不仅仅是指相对于大机构的个人事务所，也应该指具有独立思考能力、能冷静地对现实进行判断并作出自己独立选择的建筑师。从这个层面上看，独立建筑师的独立精神需要更多地被固步跟随而非引领社会潮流的学院来分享。

注释：

1. 庄慎：《无论哪个年代，教育的目的都是为了帮助学生发现自己》，《建筑创作》2017 年第 3 期（总 196 期），第 75 页。

2. 同上。

3. 张斌：《学校教育与职业训练》，《建筑创作》2017 年第 3 期（总 196 期），第 68 页。

4. 王方戟：《形之获得》，载《小菜场上的家 3——同济大学建筑与城市规划学院 2012 级实验班 2014 年建筑设计作业集》，同济大学出版社，2107，第 221 页。

5. 同注释 1，第 74 页。

6. 摘自 2011 级实验班张灏宸对实验班课程的总结。

7. 摘自 2012 级实验班葛梦婷对实验班课程的总结。

8. 摘自 2015 级实验班吴鼎闻对实验班课程的总结。

9. 同上。

10. 王方戟，张婷：《从总体到单体的关联教学—— 一次毕业设计的教学总结》，《时代建筑》2018 年第 3 期（总 161 期），第 132-135 页。参见其中“反向命题调研”章节的论述。

11. 张斌：《学校教育与职业训练》，《建筑创作》2017 年第 3 期（总 196 期），第 71 页。

作者简介

About the Authors

致谢

Acknowledgments

作者简介
About the Authors

庄 慎

1997 年，同济大学建筑城规学院，建筑学硕士

1999 年，获上海市年度优秀勘察设计胜奖

2000 年，获教育部年度优秀勘察设计二等奖

2001 年，与柳亦春、陈屹峰合伙创立大舍建筑设计事务所

2003 年，获教育部年度优秀勘察设计一等奖

2003 年，参加“建与筑”德国杜塞多夫当代中国建筑展

2004 年，参加“东南西北”法国波尔多 arc en reve 画廊建筑展

2004 年，获全国第 11 届优秀工程设计项目银质奖

2006 年，参加荷兰建筑学院“当代中国”建筑与艺术展

2006 年，获 WA 中国建筑奖佳作奖

2006 年，获美国《商业周刊》/《建筑实录》评选的最佳商用建筑奖

2008 年，参加伦敦“创意中国”当代中国设计展

2008 年，参加布鲁塞尔“建筑乌托邦”中国新锐建筑事务所设计展

2008 年，参加巴黎“位置，中国新生代建筑师”肖像展

2009 年至今，与任皓、唐煜、朱捷合伙主持阿科米星建筑设计事务所

2010 年，获英国皇家特许建造学会“施工管理杰出成就奖”

2011 年，参加深圳 · 香港城市 \ 建筑双城双年展

2012 年，获 WA 中国建筑佳作奖

2012 年，参加“从研究到设计”米兰三年展

2014 年至今，同济大学建筑与城市规划学院客座教授

2016 年，获第四届中国建筑传媒奖青年探索奖

2017 年，参加“当代中国建筑师”克拉科夫建筑双年展

2018 年，获 WA 中国建筑设计实验奖 优胜奖

2018 年，获 DFA 亚洲最具影响力设计奖银奖

2018 年，参加“自由空间”威尼斯建筑双年展

2019 年，参加“未知城市：中国当代建筑装置影像展”

王方戟

1990 年，重庆建筑工程学院建筑系，工学

1993 年，同济大学建筑与城市规划学院，工学硕士

1997 年，同济大学建筑与城市规划学院，工学博士

1997 年至今，同济大学建筑与城市规划学院任教

2000 年至今，《时代建筑》杂志兼职编辑

2002 年，意大利特仑多大学访问学者

2003 年，获中国建筑学会建筑师学会中国青年建筑师奖，设计竞赛佳作奖

2004 年至今，《世界建筑》杂志编委

2004—2006 年，南京大学建筑学院，研究生建筑设计课，客座教授

2007 年，与伍敬创立上海博风建筑设计咨询有限公司，主持建筑师

2010 年，同济大学建筑系，教授

2011 年，参加成都双年展国际建筑展

2012 年，参加深圳 · 香港城市 \ 建筑双城双年展

2012 年，参加米兰三年展

2013 年，参加上海徐汇滨江 / 西岸建筑与当代艺术双年展

2013 年至今，《建筑师》杂志特邀学术主持

2013 年至今，《西部人居环境学刊》通讯编委

2016 年至今，马德里理工大学马德里最高建筑技术学校“先进建筑项目”博士生导师

张 斌

1992 年，同济大学建筑与城市规划学院，建筑学学士

1995 年，同济大学建筑与城市规划学院，建筑学硕士

1995—2002 年，同济大学建筑与城市规划学院任教

1999—2000 年，入选中法文化交流项目“150 位中国建筑师在法国”，赴法国巴黎 Paris-Villemin 建筑学院进修，并在 Architecture Studio 事务所担任访问建筑师

2001 年至今，担任《时代建筑》杂志的专栏主持人

2002 年，创立致正建筑工作室，并担任主持建筑师

2004 年至今，任同济大学建筑与城市规划学院客座评委

2004 年，获 2004 年 WA 中国建筑奖

2006 年，获第四届中国建筑学会建筑创作奖

2006 年，获第六届中国建筑学会青年建筑师奖

2006 年，获第一届上海市建筑学会建筑创作奖

2006 年，参加上海青浦小西门“黄盒子 · 青浦，中国空间里的当代艺术”展

2007 年，参加上海“40 位小于 40 岁的华人建筑设计师作品”展

2008 年，参加布鲁塞尔“建筑乌托邦 2：中国新锐建筑师作品”展

2008 年，参加巴黎“状态：中国新生代建筑师”展

2008 年，获第五届中国建筑学会建筑创作奖

2008 年，获 2008 年美国《商业周刊》/《建筑实录》中国建筑奖最佳公共建筑

2009 年，获 2009 年教育部优秀勘查设计一等奖

2009 年，参加法兰克福“当代中国建筑图片展”

2011 年，获第六届中国建筑学会建筑创作奖

2011 年，参加深圳 · 香港城市 \ 建筑双城双年展

2012 年至今，同济大学建筑与城市规划学院客座教授

2014 年，参加上海双年展“城市客厅”

2016 年，参加中国当代建筑展（哈佛大学）

2017 年，参加上海城市空间艺术季

2017 年，参加第七届深港城市建筑双城双年展

2019 年，参加“未知城市：中国当代建筑装置影像展”

致谢
Acknowledgments

本书是《小菜场上的家》同济大学建筑与城市规划学院实验班三年级建筑设计作业集系列的第五本。无论是课程上的教学探索，还是课程后的总结出版，都凝聚了老师与同学们的大量心血。

首先要感谢同济大学建筑与城市规划学院 2014 级实验班的 21 位同学，感谢他们在课程学习时全心投入，在出版中协助收集并整理作业资料。其次，我们由衷地感谢亘建筑事务所的范蓓蕾女士、孔锐先生，上海旭可建筑设计有限公司的刘可南先生为课程调研部分进行的评图，感谢南京大学教授王骏阳先生，范蓓蕾女士、刘可南先生在课程终期进行的评图。本书除了展示课程中各个阶段学生完成的设计作业，也收录了作业评图时评委老师们对作业的评价。老师们对专业有不同的认识，这种差异大大地丰富了教学的内容。

长课题是一个较为冗长的过程，对于课程的协助及总结需要耐心和对专业的热情。出色的助教团队保证了课程的过程得以完整记录。在此要感谢课程助教姜鸿博、李欣、孙桢、唐文琪、王梓童、杨剑飞、杨竞、张婷。他们在课上协助老师开展教学、进行记录，课下共同整理课程进展，并将整理结果在豆瓣“明成教室”中公开展示。他们的辛勤工作为课程后续的整理成书工作创造了不可或缺的基础条件。在此我们向以上各位表示衷心的感谢。

在本书的编辑过程中，我们要感谢阿科米星的媒体主管陈平楠对全书所有图文的整理与加工，校对评图老师的评语与学生作业说明，并且进行了全书版面的排版与设计。感谢阿科米星实习同学庄令晔对作业一图纸的整理与加工，感谢实习同学吴添蓉、林暄颖、龚之宸对学生作业三的图纸进行的整理及编辑。本书插页的内容来源于阿科米星“逆向还原”城市调研的成果，在此也要感谢曹原、陈弘邦、陈梓威、陈平楠、程亦凡、董智伟、黄蓟霖、黄舒奕、蒋珊珊、梁绍怡、鲁昊霏、吴慧姝、吴皎、叶阳、游诗雨、许晔、朱玉对调研工作付出的巨大努力。感谢朱波（那行文化）、庄令晔对封面及城市调研成果的版面设计。感谢吴清山先生提供的基地航拍照片。

最后，我们要特别感谢博风建筑的肖潇以及晁艳编辑在全书工作中提出的宝贵建议和指导。

《小菜场上的家》系列图书是相关教学几年来对于这个课题的总结，我们由衷地感谢同济大学建筑与城市规划学院所有师生的支持和来自社会各界人士的建议。希望我们的工作能为自己和大家带来更多的启发和探讨，谢谢大家！

作者

2019 年 09 月 27 日于上海